科学技術入門シリーズ
8

エコテクノロジー入門

笠倉忠夫
菊池　洋
田中照通
平石　明
村上定瞭
水野　彰
田中三郎
成瀬一郎
後藤尚弘
藤江幸一
▶著

朝倉書店

執筆者

笠（かさ） 忠夫（ただお）	前豊橋技術科学大学工学部教授
倉池（くらち） 洋（よう）	豊橋技術科学大学工学部教授
菊田（きくた） 中照通（なかてるみち）	豊橋技術科学大学工学部助教授
平石（ひらいし） 明（あきら）	豊橋技術科学大学工学部教授
村上（むらかみ） 定瞭（さだあき）	宇部工業高等専門学校教授
水野（みずの） 彰（あきら）	豊橋技術科学大学工学部教授
田中（たなか） 三郎（さぶろう）	豊橋技術科学大学工学部助教授
成瀬（なるせ） 一郎（いちろう）	豊橋技術科学大学工学部助教授
後藤（ごとう） 尚弘（なおひろ）	豊橋技術科学大学工学部助教授
藤江（ふじえ） 幸一（こういち）	豊橋技術科学大学工学部教授

（執筆順）

はじめに

　レイチェル・カーソンの「沈黙の春」から40年，ローマクラブの「成長の限界」からでも既に30年が経とうとしている．しかし，人類はいまだ枯渇性のエネルギーや資源を多量に消費し，地球環境に異変が生起していることを認識しながら成長を止めようとしない．資源問題にしても，環境問題にしても，いずれも既に地球の限界を超えて危機的状況にあるものと予測され，ここではこの状況を「エコロジー危機」と呼ぶ．人類の生存にも関わるこの危機に対して，危機の回避・克服を願わない人はいまい．しかし，その対応の仕方はそれぞれの立場によってさまざまである．私達はいま，このテーマに対して工学という立場からアプローチしていこうとしている．工学とは人間の技術的行為に知識体系を与える学問であり，技術を支えることが工学の最も大切な役割である．私達はこれからエコロジー危機への技術的対応を学んでいくわけであるが，その技術が「エコテクノロジー」である．

　まずはじめにエコテクノロジーという名前について学ぼう．"エコ"という接頭語は，環境に配慮した（environment conscious）からの造語あるいはエコロジー的（ecological）の略語いずれともとれるが，それはエコロジーを意識したものである．もともと，エコロジー（ecology）という言葉は1866年ドイツの動物学者ヘッケルが自らの提唱した科学分野をギリシア語 oikos（English ; house, environment）に因んで Oekologie と命名したことに起源を持つ．現在，エコロジーの第一義は基礎生物学の一つである生態学を指す．しかし地球環境問題の顕在化と共に人々は自然生態系（eco-system）の重要さに気付き，生態系と調和した社会発展の在り方やライフスタイルを求める気運が生まれてきた．現在このような思想や運動を表現する言葉としてエコロジーが用いられ，さらにエコロジー的な事物にエコという接頭語が付けられるようになった．そこでエコロジーに関係する技術をエコテクノロジーというのである．生態系は地球上の有限な資源の下で持続的な発展を遂げてきたが，それは循環と共生という機能に基づいている．本来，人間も地球上の生態系の一員であったが，科学技術の発達によ

って生態系と対立する存在となってしまった．人類が危機を克服し，持続的に発展していくためには生態系の機能に学び，再び生態系との関係を取り戻す必要がある．エコテクノロジーとはそのための技術の総体である．

エコテクノロジーには大変幅の広い技術が含まれ，これらを知識体系の面から支える工学も数学，物理，化学そして生物を基礎科目として，機械，電気，情報，化学工学，物質，資源，土木などさまざまな分野の工学を要素とする総合的な工学である．一般的には，この工学は環境工学，エコロジー工学，生態工学などの言葉で呼ばれているが，いずれもエコテクノロジーを通して地球の再生を目的とする工学である．本書はこれらの工学を学ぼうとする学生を対象として，これらの工学が取り扱うエコテクノロジーの一端を紹介しエコテクノロジーの理解を深めることを狙いとしたテキストである．

序章では，なぜ現在エコテクノロジーが要求されているのかという背景を考察し，危機的状況にある地球を救うために私達は現在の社会をどのように変えていくべきかを考え，さらにエコテクノロジーの全体を俯瞰した．第1章はバイオテクノロジーをエコテクノロジーの面から取り上げた．バイオテクノロジーは21世紀に最も期待される技術の一つであり，エコテクノロジーの面においても重要な役割を果たす技術である．第2章で取り上げた技術は，従来から環境保全技術として広く社会の中で使われてきた水質汚濁と大気汚染の防止に関する技術である．これらの技術は，私達の日常生活や物の生産プロセスから排出される環境汚染物質から環境を保全する上で欠かすことのできない技術である．環境を保全する上で，エネルギー問題は切り離すことができない．この章ではエコロジー的なエネルギーの利用法についても解説した．持続可能な社会を作り出していくためには，社会や産業といったシステムの転換を検討していく技術が求められる．第3章ではそのようなシステム技術を取り上げた．具体的には，これから求められる循環型社会あるいは産業構造とは何かというテーマを扱った．

本書で取り上げた技術はエコテクノロジーのほんの一部にしか過ぎない．エコテクノロジーを本当に使いこなしていくためには，さらに深く研鑽していく必要があるが，本書がその手掛かりになることを期待したい．

2001年9月

著者を代表して 笠倉忠夫

目　　次

序章　エコテクノロジーについて ……………………………………………… 1
   1. エコテクノロジーを学ぶ背景　1
   2. 持続可能な社会への転換　2
   3. エコテクノロジーとは何か　3

1. エコバイオテクノロジー ……………………………………………………… 6
   1.1　工業を持続可能にするバイオテクノロジー　6
      a．生き物の基本法則　7
      b．生物の多様性　8
      c．遺伝子組換え　10
      d．遺伝子組換えとバイオテクノロジー　13
      e．医療とバイオテクノロジー　14
      f．バイオテクノロジーでエネルギーをつくる　15
      g．バイオテクノロジーで食料をつくる　16
   1.2　環境微生物学　18
      a．生命と地球の共進化　18
      b．微生物の多様性と役割　21
      c．人間環境と微生物利用技術　30
      d．微生物と環境バイオテクノロジー　35

2. 環境調和のテクノロジー …………………………………………………… 40
   2.1　水環境の保全と水処理技術　40
      a．水利用と水質汚濁　40
      b．水処理技術　49
      c．環境水の直接浄化技術　61

d． 水のリサイクル　63
2.2　環境調和のための電気電子工学　64
　　a． 高電圧・高電界応用技術　64
　　b． 計測技術　74
2.3　環境に調和したエネルギー利用　83
　　a． エネルギー資源とその流れ　84
　　b． エネルギー変換　87
　　c． エネルギーに関する法則　88
　　d． 熱移動現象　91
　　e． エネルギー変換プロセスにおける化学反応　99
　　f． エネルギー変換過程に伴う環境負荷　101
　　g． 新エネルギーの利用　104

3. 未来創造型循環型社会　106
3.1　循環型社会とは何か　106
　　a． 循環型社会の基本的考え方　106
　　b． リサイクルとは　111
　　c． 循環型社会を構築するために　114
　　d． 循環型社会を支援する概念　119
3.2　産業生態工学の提案—生産プロセスからの環境負荷低減を目指して—　123
　　a． なぜ産業生態工学か？　123
　　b． 環境負荷低減のための考え方　124
　　c． 環境負荷低減の手法と手順　125
　　d． 産業活動からのエミッション低減と環境リスク管理　127
　　e． 最適廃水処理の選択　130
　　f． 産業クラスタリング形成による環境負荷低減　133

参考文献　135
索　引　137

序　章
エコテクノロジーについて

1. エコテクノロジーを学ぶ背景

　エコテクノロジーを学ぶにあたって，私たちはまず私たちを取り巻く時代の状況をきちんと認識することから始めよう．私たちは，人間の活動が20世紀の後半に入ってから急速に拡大し，ついに地球の持つ許容限界に達し，私たちだけでなく地球上のすべての生命にとってかけがえのない地球の環境に異変を起こしつつあることを知った．たとえば，人間は自分たちの住む生物圏以外の地下資源である石油などの化石燃料を使用するが，これらから発生する二酸化炭素は私たちの生息する生物圏内の炭素循環量を増加させ，拡大された人間活動に伴い多量に発生する二酸化炭素は地球温暖化の主な原因となった．20世紀初頭，大気中の二酸化炭素濃度は290〜300 ppm前後であったが，現在それは360〜370 ppmにも達している．このまま二酸化炭素濃度の増加が続けば温暖化の進行によって，地球上の全生命を支える生態系の存続にも重大な影響が及ぶものと危惧される．人間活動の拡大は温暖化以外にも，地球環境にさまざまな影響を引き起こしている．同時に，私たちは人間活動に欠かすことのできない石油や石炭あるいは金属や鉱物などのエネルギー源や資源が，現在の人間活動量に比較してごく限られた量であることも知った．たとえば，現在最も重要なエネルギー源である石油の可採埋蔵量は2兆バーレルとされているが，現在までの消費量を差し引くと，このままの消費が続けば石油はあと30〜40年で枯渇すると予測されている．その他の有用資源についてもいずれも同様な状況にあり，私たちは近い将来，エネルギーや資源の枯渇という問題に悩まなければならなくなる．

　この2つの問題は互いに深く関係し合っていて，その原因はともに大量生産，

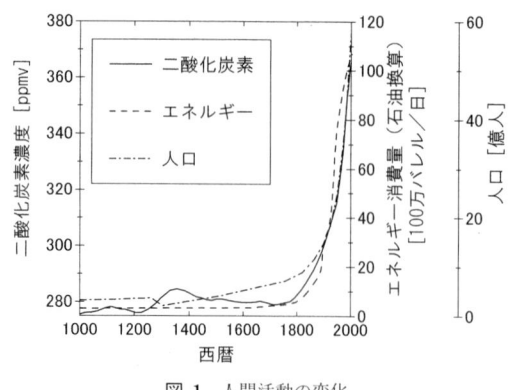

図1 人間活動の変化

大量消費,大量廃棄といわれる拡大した人間活動にある.私たち現在の人間が引き起こしたこれらの問題をエコロジー危機(ecological crisis)と呼ぶ.図1は,エコロジー危機の原因が人間活動の拡大をもたらす現在の人間の生き方にあることを示した図である.人間活動量の指標となる世界の人口,人間のエネルギー消費量および大気中二酸化炭素濃度をA.D.1000年から現在に至る1000年間の時間変化として表したものである.これらの指標は互いに大変よく似た傾向を示している.それらはいずれも,18世紀から19世紀にかけての産業革命を契機に増加し始め,20世紀後半,特に最後の四半世紀に入って急激な伸びを示している.この時期は科学技術文明あるいは物質文明の時代といわれ,人類は物質的繁栄を謳歌した.しかし,その反面で資源・エネルギーの大量消費,環境負荷の増大によってエコロジー危機を招いたことは明らかである.

2. 持続可能な社会への転換

私たちはだれもが,自分たちの子孫がこの地球上で自分たちと同じように発展していくことを願っている.そのために私たちは20世紀が残した最大の課題,エコロジー危機を一刻も早く克服していかなければならない.危機の克服のため,私たちは人間の活動を現在の拡大しすぎた状態から地球の許容しうる範囲内に抑制していく必要がある.人間活動を抑制し,人類が持続的に発展しうる社会を「持続可能な社会(sustainable society)」という.危機の克服とは,持続可

能な社会を構築することである．

　社会の持続可能性という概念は，1986年にノルウェーの当時のブルントラント首相が提唱した"持続可能な発展"に由来する．そしてこの概念はその後1992年ブラジルのリオデジャネイロで開かれた地球環境サミットにおいて，今後人類が目指すべき目標として採択され，世界共通の概念となったのである．わが国は世界に先駆けて，翌1993年に制定した環境基本法の中で持続可能な社会の構築を謳い，国民にこの理念の実現を求めたのである．すべての国民はそれぞれの立場でこの義務を負っているのである．たとえば，私たち一人一人は日常生活者として，毎日の生活の中でむだを省き，消費を抑制するといった環境に配慮した行動が求められているのである．一方，事業者は経営の中に環境管理を統合し，環境と調和のとれた事業展開を図るべきなのである．そして，私たちの工学という立場は，危機を克服し，持続可能な社会を構築するための技術的検討を行うことによって法の求める義務を果たすことができるのである．

　このように持続可能な社会への対応（アプローチ）にはさまざまな立場，さまざまな側面からの対応がありうるが，大別すると次の3つに分けられる．
(1) 社会システム的対応（法的あるいは行政的措置，経済的措置など）
(2) 人の意識面での対応（価値観の変革，ライフスタイルの転換など）
(3) 技術的手法を用いた対応（新たなエコテクノロジーの研究開発）

これらの対応はそれぞれが個別に適用されるのではなく，それぞれの特性に合わせて相互に連携・補完し合って適用されてこそ，より大きな成果が期待できるのである．

3. エコテクノロジーとは何か

　エコロジー危機は現象がきわめて多岐にわたり，影響を受ける対象も人間はもちろん，自然を含めた生態系の全域に及ぶ．当然，これに対応する技術（エコテクノロジー）も要素技術，組み合わせ技術そして巨大な総合技術に至るさまざまな技術が開発されてきたが，今後もさらなる新たな技術開発が要求される．ただし，これから開発される技術はその主導理念が従来型のものであってはならない．従来，技術とは自然や人工物に働きかけて，人々にとって有用な物や快適な環境を作り出す手段であると定義されてきた．そして人類はこれまで技術を主と

表 1 エコテクノロジーの種類

技術の類型	技術の内容と特徴	個別の技術
環境適合生産技術	生産プロセスに適用される技術で，環境に配慮した設計，改善を目的とし，クリーナープロダクション，インプロセステクノロジー，DFE[1]とも呼ばれる．エコテクノロジーの中で最も高いプライオリティを持たせるべき技術である．	・長寿命化，有害物の使用忌避，リサイクル性の向上などを狙った製品設計 ・廃棄物低減，エネルギー効率の向上などのプロセス改善
環境保全技術	環境汚染物質の処理を目的とした技術であり，かつては環境技術の中核をなした公害防止装置や生活関連施設が含まれる．これらの持つ機能を静脈システムと呼び，そこではBDAT[2]が求められる．	・大気汚染防止 ・水質汚濁防止 ・下水処理，汚泥処理 ・廃棄物処理処分 ・PCB，フロン回収分解
環境修復創造技術	有害物質などで汚染された土壌や地下水，あるいは傷んだ河川，海岸などの自然を修復・回復する技術，さらには自然環境に代替しうる人工的自然を積極的に造成していく技術をいう．	・物理化学的またはバイオリメディエーション ・海岸域の保全 ・荒廃地，都市域の緑化 ・多自然型河川，人工干潟，ビオトープ
資源リサイクル技術	資源節約，環境負荷低減の立場から廃棄物を資源として動脈システムへリサイクルすることが求められている．製品，素材ごとにそれぞれ回収ルート，再生技術，再利用技術が開発されており，条件に応じたリサイクルがされている．	・金属（鉄，アルミ，貴金属など）の回収・再生 ・古紙の回収・再利用 ・プラスチックのリサイクル ・廃車のリサイクル ・下水・雨水の再利用
エネルギー対策技術	化石燃料の枯渇，二酸化炭素放出による地球温暖化に対応するため，新しいエネルギー源の開発，二酸化炭素対策が検討されている．しかし，最も効果的な対策は"省エネルギー"であって，社会のあらゆる面での省エネルギー対策が必要である．	・自然エネルギー利用 ・発電の高効率化，燃料電池 ・可燃性廃棄物や余熱の利用 ・CO_2分離・回収・貯蔵
統合化技術（インテグレーテッドテクノロジー）	産業間連携（クラスタリング），地域コンソーシアムなどを形成し，未利用資源・エネルギーを有効活用していくプロジェクトがある．これらを計画・立案し，具体化していくための技術であり，一種のシステム化技術である．	・セメントクラスタリング ・インバースマニュファクチャリング ・ゼロエミッション ・エコタウン形成
支援技術（サポーティングテクノロジー）	エコテクノロジー適用の意思決定，技術の評価あるいは実プラントの運転管理をするうえで，さまざまな技術的サポートが求められる．この種の技術を支援技術と呼ぶ．	・環境分析や計測制御 ・環境評価（LCA[3]，SDI[4]，リスク評価など） ・環境予測（アセスメント，シミュレーション） ・運転支援（故障診断，エキスパートシステム）

1) design for environment, 2) best demonstrated available technology, 3) life cycle assessment, 4) sustainable development indicator.

して人間活動の拡大する方向，つまり人間本位に利用してきた．その結果がエコロジー危機である．新しい技術の定義には，「自然との共生」，「持続可能な社会」というキーワードが付け加えられなければならない．

エコテクノロジーを技術内容によって分類すると，7種類の技術類型に大別される．表1にそれぞれの技術類型について，その内容と特色そして各類型に属する個別技術の主なものをまとめた．また，これまでに述べてきたエコテクノロジーの特徴をまとめると次の2つに要約される．

(1) エコテクノロジーは循環と共生を理念にする

私たちは危機の認識から，エコテクノロジーは自律的な動的平衡を保ってきた生態系に学ぶべきであることを理解した．生態系は物質循環（material cycle）と共生（symbiosis）を基本機能として成り立つシステムである．エコテクノロジーは基本理念に"循環と共生"を置く．同時に，エコテクノロジーには許容範囲内での人間の発展にも寄与することが求められる．

(2) エコテクノロジーは総合工学に支えられる

私たちは，エコテクノロジーにはさまざまな技術が含まれることを学んだ．このことは，エコテクノロジーを支える工学にはほとんどすべての分野の工学知識が必要であることを意味する．エコテクノロジーを支える工学は総合工学なのである．

地球の危機は人類の生存にもかかわる重大な問題であり，地球上のすべての人々が問題解決に参加していかなければならない．しかし，危機への最も直接的な対応は技術的対応であり，このことから，私たちはエコテクノロジーが危機を克服し，持続可能な社会を構築していくうえで大変重要な役割を担っていることを十分自覚してエコテクノロジーを学んでいかなければならない．

1
エコバイオテクノロジー

1.1 工業を持続可能にするバイオテクノロジー

　現代のわれわれの生活には工業製品が満ちあふれ，それらはもはや欠くことのできない存在となっている．しかし「モノ」のレベルで世界が豊かになったのはごく最近のことであり，そのモノの豊かさは工業の発達に裏打ちされているといっても過言ではない．工業とは生活に密着するものであり，目に見える豊かさは工業なくしてはありえない．

　残念なことに工業は一人歩きしない．どんなにガソリンエンジンが発達しても宇宙には行けないし，空腹の腹を満たすこともできない．工業は技術の具現であり，その技術を生み出す打ち出の小槌は科学だからだ．近代産業の先駆となった産業革命は，先に発達した理論物理学の恩恵の産物である．

　21世紀における打ち出の小槌はバイオである．生き物を食し，生き物たちと生きていくしかないわれわれ人間にとっての最良の選択肢の一つは，他の生き物を支配し，そしてともに生きていくことであろう．学問としての生物学はいまも発展途上にあり，かつての物理学のように完結した体系というものは持たない．それでも生物学は次々とわれわれにとって有用な技術をもたらし続けている．

　本章ではバイオテクノロジーとは何なのか，そして，何ができるのか，について簡単に述べる．生物学の詳細に関しては語らない．生物学の知識は膨大であり，そのすべてを記述することは本書の目的ではないからだ．これからの時代においてバイオと工業との接点はますます多くなると考えられる．本章がこれからの技術者たちの動機づけになれば幸いである．

a. 生き物の基本法則

　物体の運動が運動方程式に代表される物理法則で記述できるのと同じように，生物学においてもいくつかの基本法則が存在する．通常われわれが「生き物」として認知しているものは動物や植物といった目に見ることのできる「個体」であるが，これらに共通することは組織やそれを構成する多数の細胞というものの存在である．細胞を単位とする生物は，その内部にその種と個体を規定しているゲノムという遺伝情報物質を含んでいる．

　細胞という形態を有する生物は遺伝情報をDNA（デオキシリボ核酸）という化合物の形で保有する．DNAはアデニン（A），グアニン（G），シトシン（C），チミン（T）の4種からなり，その並び方と長さによってその情報を記述する．コンピュータの命令が0と1を用いた2進法で記述されるのに対して，遺伝情報は4種の塩基からなる4進法で記述される．生物において実際の生命活動を行っている分子は酵素をはじめとするタンパク質たちである．細胞内においていかなるタンパク質を合成するか，その命令（設計図）は4種の塩基の並びを用いてDNA上に書かれている．遺伝情報である塩基の並びはタンパク質を構成するアミノ酸の並びに対応する．タンパク質は20種あるアミノ酸が連なってできているが，DNA上の塩基配列とタンパク質の配列とを結びつけているのが遺伝暗号（コドン）である（図1.1）．3つの塩基の並びを1つの単位として1つのアミノ酸に対応させる．塩基とアミノ酸との対応規則は生物の種を越えて共通である．3塩基とアミノ酸との対応づけは転移RNA（transfer RNA）という分子によってなされる．あるコドンに対応するアミノ酸をタンパク質合成装置へと運ぶのがこの分子の役割であり，コドンとアミノ酸との対応づけがきちんと守られるようにさまざまな工夫が施されている．

　遺伝情報を担う物質，および，その情報に従ってタンパク質を合成する機構はどの生物においてもほぼ同じである．しかしながら，そこから合成されるタンパク質は多種多様である．タンパク質は20種あるアミノ酸のつながりであるが，その機能は1つの「タンパク質」という物質名ではくくれないほどの多様性がある．あるタンパク質は細胞の器を作ることに寄与し，またあるタンパク質は遺伝情報の複製に寄与する．同じ機能を担うタンパク質であっても，種が異なればそのアミノ酸配列は異なる場合が多い．こうした一つ一つの違いの積み重ねが，種の違いや種の多様性をもたらす．

		2文字目						
		U		C		A		G	
1文字目	U	UUU UUC	Phe	UCU UCC UCA UCG	Ser	UAU UAC	Tyr	UGU UGC	Cys
		UUA UUG	Leu			UAA UAG	term.	UGA	term.
								UGG	Trp
	C	CUU CUC CUA CUG	Leu	CCU CCC CCA CCG	Pro	CAU CAC	His	CGU CGC CGA CGG	Arg
						CAA CAG	Gln		
	A	AUU AUC AUA	Ile	ACU ACC ACA ACG	Thr	AAU AAC	Asn	AGU AGC	Ser
		AUG	Met			AAA AAG	Lys	AGA AGG	Arg
	G	GUU GUC GUA GUG	Val	GCU GCC GCA GCG	Ala	GAU GAC	Asp	GGU GGC GGA GGG	Gly
						GAA GAG	Glu		

図 1.1 遺伝暗号

遺伝子に記述された遺伝情報は伝令 RNA（messenger RNA）を経由してタンパク質へと翻訳される．その際，遺伝情報は 3 つずつの塩基の並びを単位としてアミノ酸の並びへと置き換えられる．その 3 つの塩基の並びとアミノ酸との対応規則が遺伝暗号（コドン）である．遺伝暗号は多くの種において共通である．図中の大文字の配列は RNA レベルでの塩基の並びとして記載してあり，また，小文字を含む単語はそれぞれのアミノ酸を略号表記で表す．たとえば，左上の UUU と塩基の並びは Phe（フェニルアラニン）というアミノ酸残基に対応するということを表す．UAA，UAG そして UGA という 3 種の並びはタンパク質合成の終結を表す終止コドンの役割を担う．

b．生物の多様性

　細胞という形態を有するもののみをここでは生物として規定すると，生物界は大きく 3 つの界に分けられる．界を分ける大きな基準は，ゲノム構造という遺伝情報そのものの違い，タンパク質合成装置などの機能分子の違い，細胞構造の違い，である．

　一つめは真核生物（Eukarya）である．これはわれわれになじみの深い動物や植物を含む．細胞構造として細胞内に核という構造を有し，核の内部に染色体構造をとるゲノムを有する．ミトコンドリアやクロロプラストといった細胞内小器官を有するのも真核生物の特徴である．多細胞生物は真核生物に含まれるが，酵母などの一部の単細胞生物も含まれる．カビや菌類（キノコの類）もこちらの仲間である．

> ### 生物界の代表種
> ◆
>   生物学の研究はすべての種に対して均等に行われるわけではなく，なんらかの理由によって選ばれた代表種において行われるのがふつうである．歴史的な背景や取り扱いの簡便さなどもその選択基準になることが多い．真正細菌の代表種は大腸菌（*Escherichia coli*）と枯草菌（*Bacillus subtilis*）である．真核生物の酵母の代表種はビール酵母（*Saccharomyces cerevisiae*），虫の代表は線虫（*Caenorhabditis elegans*），植物の代表はシロイヌナズナ（*Arabidopsis thaliana*），脊椎動物の代表はネズミ（*Mus musculus*）とヒト（*Homo sapiens*）である．これらの代表種は固定されたものではなく，研究の標的種として興味が持たれ，かつ，それなりに研究が進展しているものとしての代表なので，時代により異なると考えた方がよい．
>
> ### 古細菌は新参者
> ◆
>   生物の3界の一つを占める古細菌が人に知られるようになったのは遅く，20世紀においてである．それまで真正細菌だと思われていたメタン菌の一つが，詳しく調べてみると実は他のどの真正細菌とも真核生物とも異なることがわかり，それまで2つしかなかった生物界に新たな生物界を設けることが提案された．当時，古代の地球はメタンガスで満ちていたと考えられていたため，メタン菌はその当時の地球に関連しているのではないかという推察から新しい生物界は「古」という意味あいを込めて古細菌（Archaea）と命名された．とはいうものの，われわれが知る古細菌は，いままさに生きている生物であることをお忘れなく．

　二つめは真正細菌（Bacteria）である．乳酸菌，大腸菌，サルモネラ菌といったなじみの多いものも含まれる．単細胞生物であり，核を持たない．

　三つめは古細菌（Archaea）である．一般的になじみのあるものは少ない．真正細菌同様に単細胞生物で無核である．その名称は化石と同類の印象を与えるが，きちんといまも存在する微生物である．

　上の3つに属さないものにたとえばウイルス（virus）がある．ウイルスは細胞形態を有していないうえに単独での複製能力を欠くことから，通常は生物として分類されない．ウイルスは特定の宿主細胞に感染することが増殖に必要であ

る．他の生物と同様にウイルスもゲノムを有している．ただしウイルスのゲノムは必ずしも二本鎖 DNA ではなく，一本鎖 DNA，二本鎖 RNA，一本鎖 RNA といった多様性がある．ゲノムが RNA であるウイルスの中には，宿主細胞に感染した後に，複製過程において一度 DNA に変換されて宿主細胞のタンパク質合成装置などを利用するものもある．ウイルスゲノムは，比較的単純なタンパク質によって構成される殻によって守られる．この殻は複製時に宿主細胞において合成される．

生き物として考えたとき，界の異なるものはまったく別の生き物である．しかし，前項で述べたように，界は異なってもこれら生物に共通のシステムは存在する．たとえば，真核生物に属するヒト（人間）の免疫応答に関与するインターフェロンというタンパク質を，免疫機構を持たない真正細菌の大腸菌に作らせることは可能である．ではいかにして？ 本章を読み終わったときその概略をつかむことができるはずである．同時にその方法論が多くの問に対して解答を与えてくれることがわかるはずである．

c．遺伝子組換え

遺伝子組換えは 20 世紀の中頃に登場した技術の一つである．遺伝子組換えの根底には，すべての生物における共通の基本法則の存在が欠かせない．その基本とは，共通の遺伝情報物質，共通の遺伝暗号，共通のタンパク質合成系である．種間で遺伝情報物質が異なるならば遺伝子組換えは存在しないし，種ごとに遺伝暗号が異なるならば遺伝子組換えは意味を持たない．それらが共通であればこそ，遺伝子組換えの可能性が開ける．

生物の個体や種を規定している遺伝情報物質をゲノムと呼ぶ．細胞性の生物の場合，ゲノムは DNA である．ゲノムの中にはいくつもの情報が記述されている．今日の技術においては，手間と暇さえかければゲノムに記載された塩基配列の情報を読み取ることはたやすい．しかし，生きたままの細胞においてそのゲノムを自在のままに操る術は存在しない．だが，個々の遺伝子単位であれば可能である．

遺伝子を扱うとは次のことと同じである．すなわち，遺伝子を増やす，遺伝子を加工する（切る，そしてつなぐ），遺伝子の塩基配列を読む．加工された遺伝子は最終的にいずれかの種の細胞に導入されることが必要である．こうした遺伝

子操作にはいくつかの道具が必要である．遺伝子の切り貼りはすべて試験管内において行うことが可能である．DNA の切断には，制限酵素と呼ばれる一群の配列特異的な DNA 切断酵素が使用される．切断された DNA 断片どうしの結合には DNA 連結酵素が使われる．これらが遺伝子操作におけるノリとハサミである．数個程度の遺伝子に相当する DNA であれば，試験管内において自在に切り貼りができる．遺伝子の切り貼りができることと遺伝子を細胞に導入できることとはまったく別である．遺伝子を細胞に導入し，かつ細胞内において安定に保持されるためにはベクターと呼ばれる運び手が必要である．

　ベクターはもともと自然界に存在する遺伝情報の複製装置を，人の手によって使いやすいように改造したものである．ベクターにはプラスミド（plasmid）と呼ばれる自己複製型のものに由来するものと，細胞に感染することで増殖するウイルスに由来するものがある．プラスミドは二本鎖の DNA であり，化学物質としてはゲノムの DNA とまったく同じである．プラスミド DNA は，ゲノムとは独立に細胞内に存在し複製することができる．プラスミドの自己複製は宿主細胞に依存する．すなわち，あるプラスミドは特定の宿主細胞の中でしか増殖しない．このプラスミド DNA に遺伝子を結合させる（組み換える）ことで，その遺伝子を宿主細胞に導入・保持させることができる．プラスミド DNA に遺伝子を組み込む操作は，前述したように試験管内においてできる．ウイルスベクターの場合も基本原理はプラスミドと同じである．天然に存在するウイルスゲノムから有害な部分をあらかじめ取り除き，細胞に感染して増殖する能力は残したものが遺伝子組換えによってすでに作られている．ウイルスゲノムが DNA の場合には，プラスミド DNA の場合と同じように試験管内操作によって遺伝子を組み込む．ウイルスには DNA だけでなく RNA をゲノムとして有するものもあるが，その場合には一度 DNA に変換してから組換えを行う．しかるのちに試験管内で RNA 合成を行えば，望みの塩基配列を有した RNA が手に入る．ウイルスベクターの有利な点は，すでに特定の宿主細胞への感染能力を有している点である．

　プラスミドベクターもウイルスベクターもいずれも特定の宿主細胞でしか複製・増殖しない．つまり宿主とベクターの組み合わせは決まっている．こうした「宿主-ベクター系」（図 1.2）が完成した種の細胞には遺伝子の導入が可能である．遺伝子組換え技術は，試験管内における DNA の切り貼りの技術と宿主-ベクター系の発達によって成り立つ．

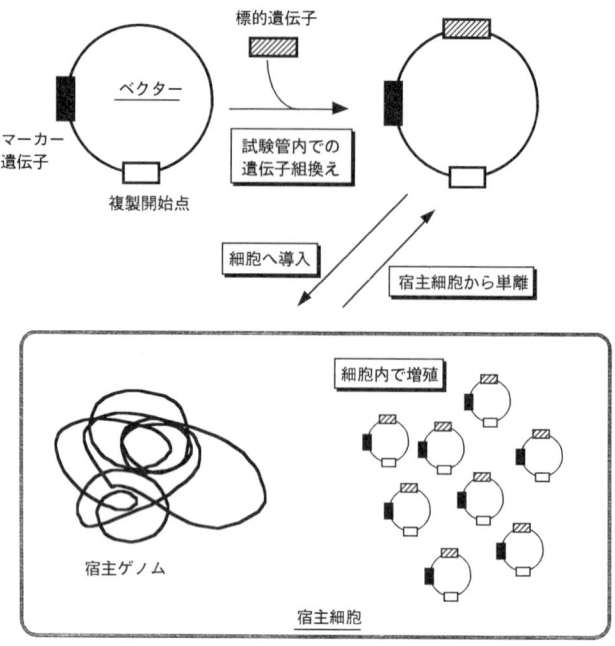

図 1.2 宿主-ベクター系
遺伝子を標的の細胞に導入するためにはベクター（運び屋）と呼ばれる道具を使う．ベクターは宿主細胞において自己複製するための複製開始点とその存在の目印としてのマーカー遺伝子を有す．ベクターへの標的遺伝子の組み込みは試験管内において行う．遺伝子の組換え（切り貼り）には制限酵素や連結酵素といったハサミやノリに相当する道具を使う．目的の遺伝子を組み込んだベクターは標的細胞へと導入され，その細胞内において複製される．

　現在，さまざまな種において宿主-ベクター系が作られている．最も代表的な宿主-ベクター系は真正細菌の大腸菌において知られる．大腸菌において利用できるプラスミドおよびウイルスベクターは，すでに何十種類と開発され市販されている．大腸菌における遺伝子操作は比較的簡単であり，しかも短時間でできるために，多くの遺伝子組換えは大腸菌での宿主-ベクター系を利用して行われている．大腸菌は遺伝子操作をするための非常に有用な道具の一つである．もちろん大腸菌以外の真正細菌においてもベクターの開発は行われているが，大腸菌の場合ほどの便利さはない．それらは多くの場合，それぞれの種に対して遺伝子を導入するための手段として利用されている．

真核生物においても徐々に宿主-ベクター系は開発されつつある．いくつかの幸運な例としてプラスミドベクターが構築できた場合がある．たとえば双子葉の植物（双葉の芽が出る植物）には，アグロバクテリウム（*Agrobacterium*）と呼ばれる真正細菌に属する土壌細菌が寄生して宿主に相当する植物に遺伝子を導入する機構が存在している．この細菌から植物への遺伝子導入には Ti プラスミドと呼ばれるプラスミド DNA が関与するが，これを改造することで任意の遺伝子を標的のマメ科植物に導入することができる．高等動物や高等植物にはプラスミド DNA は見つかっていないが，これらに感染するウイルスは多数存在しているので，これらの細胞を標的にする場合にはウイルス由来のベクターが構築される．霊長類に対する腫瘍ウイルスの一つである SV 40 も，ヒトの培養細胞に遺伝子を導入するためのベクターとしてすでに利用されている．ヒトの免疫系を司るリンパ球の一種を攻撃することで知られるエイズウイルス（AIDS virus, HIV）でさえ，有用なベクターを構築するのに利用されている．

d．遺伝子組換えとバイオテクノロジー

近年においてバイオテクノロジーを有名にしたのはほかならぬ遺伝子組換え技術であるが，生物と生物の代謝機能を利用した技術というものははるか昔から存在していた．太古において人類がやっていたことは経験に基づく応用であったが，現代のわれわれがやっていることはその謎解きにほかならない．生物がいかなる機構によって機能しているのかを知ることで，なぜそれが起きるのか，どうすればよいのか，を理解することができる．遺伝子操作とは生き物のもともと持っている機能に人間がちょっとだけ手を加えて，人間にとって便利な，そして有益な方に改変することにすぎない．

人間が他の生物の代謝機能を利用し始めたのはいつのことからなのかわからない．それらは文化として技術としていまに伝えられている．

たとえば，酵母を利用したアルコール生産，乳酸菌を利用した乳酸発酵，枯草菌を利用した大豆の資化（納豆）などである．発酵食品の生産または発酵技術は，微生物を利用した最も古典的かつ伝統的なバイオテクノロジーである．

バイオテクノロジーは中世の錬金術ではない．そこから神話の怪物が誕生することはないし，奇跡が起こることもない．

e. 医療とバイオテクノロジー

　遺伝子操作技術が世に普及し始めたとき，企業がこぞって目指したのはバイオテクノロジーの医薬品への応用である．初期の遺伝子組換え技術において主に利用された宿主-ベクター系は大腸菌のものであったが，それでも大腸菌を道具として種々のタンパク質を合成することができた．例としてヒトの血糖値を調節するホルモンであるインシュリンをあげてみよう．インシュリンは 21 個のアミノ酸からなる A 鎖と 30 個のアミノ酸からなる B 鎖から構成されるペプチドホルモンである．A 鎖と B 鎖の 2 本を別々に合成してから合わせることで，ホルモンとしての機能を持つインシュリンを再構成することができる．アミノ酸の重合体であるタンパク質は，化学合成によっても作ることは可能であるが生産コストが高くつく．化学合成の収率を上げるためには，純度の高い試薬と高度に管理された施設が必要になる．それでも 100 残基を超える分子量の大きいタンパク質の化学合成は至難である．この 100 残基という数字に特に意味はない．生体内にお

ヒト・ゲノムプロジェクトと個別医療
◆

　われわれヒトという種のゲノムの塩基配列をすべて解析するというヒト・ゲノムプロジェクトは 21 世紀の初頭に完了する．これによりわれわれは自分の「種」の設計図を手に入れたことになるが，実際の問題は単純ではない．いまの地上には 50 億を超える人間が住んでいるが，一人一人の顔が違うように，ゲノムの塩基配列もおおまかには同じでも細かいところでは一人一人異なる．ゲノム上に遺伝病の因子を持っている場合もあるだろうし，ある種の薬剤に対する異常反応の原因がゲノム上に刻まれている場合もあるだろう．ある患者によく効く薬が別の患者に効くとは限らない．一人一人の患者において最良の治療法はきっと存在するが，それが万人に適応できるわけではないのだ．こうした個人の多様性をゲノムレベルで解析して個人に合った治療法を「予測」すること，これがヒト・ゲノムプロジェクトからの個別医療の発想である．遺伝子と病気とを結びつける作業は始まったばかりである．そのためには個人のゲノムデータの蓄積が必須であることはいうまでもない．ただし，いまの技術ではゲノム情報は患者の類別にしか使用できないことを知るべきである．ゲノム情報そのものが「治療法」を生み出すわけではない．治療法の開発も同時に残された課題である．

いて機能を発揮しているタンパク質の多くはもっとずっと高分子である．一方で，遺伝子組換えによるタンパク質合成は100残基をはるかに超える高分子のタンパク質でも問題なく合成することが可能であり，化学合成の試薬よりもずっと廉価な培養液を材料として効率的に合成される．医薬品に関する限り，バイオテクノロジーは遺伝子組換えと切り離すことはできない．

遺伝子組換え技術は，大腸菌においてタンパク質を作ることのみにとどまらない．たとえば，トランスジェニック技術はさまざまな動物個体や植物個体を作ることに応用されているし，クローン技術はこれからの医療技術の一つとして進展する可能性がある．また，ゲノムプロジェクトとして知られる代表種ゲノムの塩基配列解析プロジェクトの成果は，これからの医療において個別診療の具体的な方法を与えてくれるものとして期待を集めている．

f．バイオテクノロジーでエネルギーをつくる
エタノール発酵とアルコール自動車

地球は緑の星といわれる．植物は光合成というすばらしい機能によって大気中の二酸化炭素を取り込み，有機資源として固定化している．大気に存在する二酸化炭素は，温室効果に寄与することで地球の温暖化を進めているといわれる．二酸化炭素は生物の呼吸によって生産されるだけでなく，有機体の燃焼によっても大量に生産される．人類が作り出した燃焼機関の代表作の一つはガソリンエンジンである．エンジンはこれまでに生命が蓄積してきた有機体（石油など）を次々と二酸化炭素へと変換していく．自動車に登載されたエンジンはわれわれにとって最も身近な二酸化炭素製造機械である．燃焼によって失った化石燃料をわれわれに復元することはできない．石油などの化石燃料は，植物をはじめとする生物が固定化した有機物が非常に長い年月を経て作られたものである．化石燃料がなくなる日がやがて来る，そのことはわれわれは知っている．しかし，便利な自動車を手放す気はわれわれにはない．

この問題を解決するためには新たな燃料が必要となる．新しい燃料は簡単に再生産できるものでなければならない．そうでなければ化石燃料の二の舞である．一つの可能性として検討されているのがアルコール燃料（エタノール）である．ガソリンエンジンからのちょっとした改良でエタノールエンジンは製作することができる．ガソリンとは異なりエタノールには窒素も硫黄も含まれていないた

め，エンジンからの排気ガスはよりきれいである．こうしたアルコールエンジンを搭載した自動車が実際に試作され，いくつかの国および都市において実働している．これらの事実が示唆することはエタノールの安定した，かつ，廉価な供給制度さえ確立すれば，ガソリンエンジンはエタノールエンジンへと置き換えることができるということである．

ではいかにエタノールを廉価かつ安定に供給するのか．化学合成ではコストが高い．そこにバイオテクノロジーの出番がある．

現在有用な方法として考えられているのは微生物を利用したアルコール発酵である．植物からとれるデンプンなどを材料としてエタノールを生産する技は，すでに酒を製造する技術としてわれわれは持っている．この技術を転用することで燃料用のエタノールは簡単に生産することができる．材料のデンプンはサトウキビ，トウモロコシなどのデンプン作物からとることができる．バイオテクノロジーによって生産されるエタノールの最大の特徴は再生産性であり，最終産物である二酸化炭素を再び次のエタノール生産における原材料として利用できることである．1999 年における OECD（経済協力開発機構）のある資料によると，アメリカでは年間 10 億ガロン近いエタノールがこうした方法で生産され，さらにブラジルではその 4 倍近い量が生産されていると報告されている．現時点での課題は，いかにその製造コストを下げるかであり，製造工程の高効率化が検討されているが，それと同時に低価格を実現するための政治的処置も求められている．

バイオエタノールはエネルギー物質としての選択肢の一つにすぎない．そのためにエンジンの改良はそれほど大きな問題とはしていないが，今後はエンジンの設計とエネルギー物質の生産系の確立とを同時に行うことで，その選択肢を広げることができるであろう．

g．バイオテクノロジーで食料をつくる

食料に関しての古来からの問題は，いかにして食料を安定に供給し続けるか，そして可能ならばその品質を一定に保つにはどうすればよいのか，にあった．これまでの工業化学は，主要作物の効率的生産のための殺虫剤の開発と深くかかわり合いながら発達してきた．バイオテクノロジーの可能性に対して期待されていることは，「食料」そのものの改良であるといってもよい．

1) 育種の技術

バイオテクノロジーとは，既存の生物種とその代謝系を人為的に利用する手法である．自然界の生物の営みを経験的に理解することでも，もちろんそれは可能である．アルコール発酵や乳酸発酵を利用した発酵食品の生産や食品の保存技術は，すでにわれわれが利用しているものである．発酵の原材料を選び，温度などの条件を人為的に操作することで，糖質をアルコールや乳酸にきわめて効率的に変換している．また，同じ糖質からでも，利用する微生物を変えることで調味料として知られるグルタミン酸を効率的に作り出している．

動物や植物の品種改良は間接的な遺伝子操作を伴う．遺伝子レベルでの切り貼りこそ行わないが，個体レベルで起こるゲノムの突然変異を単離・蓄積・固定することで新たな「品種」というものを作成している場合が多い．品種改良の分子レベルでのメカニズムはまさにブラックボックスである．しかしながら，近年，花の育種に遺伝子操作が応用されたという報告もある．ある植物から紫色を呈する色素を合成するタンパク質をコードする遺伝子を単離し，天然には紫色の存在しない植物へと導入することで，その植物は紫の花を咲かせた．分子生物学は生命の種明かしをすることができる．そして遺伝子操作技術は，伝統的な手法ではなしえなかった育種技術をもたらすことができる．

2) クローン動物

20世紀の終わりになって，個体の複製を作るいわゆるクローン技術が世に出てきた．クローン技術は遺伝子の切り貼りといった化学的な操作ではなく，ゲノムを丸ごと細胞から別の細胞へと移動させる物理的な遺伝子操作である．植物細胞にはもともと，どの細胞からでも個体が発生できるという全能性があるが，動物細胞に全能性はない．動物の体細胞からのクローン作成は，卵細胞を経由する必要があるとはいえ，植物の全能性に近づく新たな育種技術である．ただし，品種改良が新しいものを作る技術とすれば，クローンは古いものをそのまま残す技術ともいえ，その目的は異なる．クローン技術は種を固定する技術である．その応用の先には，安定した食用肉の供給がある．

3) 遺伝子組換え食品

食料の基本は穀物である．食用肉を提供する動物も穀物で養われる．穀物の生産における大きな問題は雑草と害虫の存在である．今日までわれわれが対策として講じてきたのは，除草剤や殺虫剤という化学薬品の使用であった．こうした薬

> **納豆はすごい？**
> ◆
> 　大豆の発酵食品として古くから日本に根づいている納豆は，納豆菌という真正細菌の仲間を利用したやや香りの強い食品である．その強い香りゆえに嗜好品としての賛否は分かれるところであるが，この納豆菌の仲間の枯草菌には以外とすぐれものがある．大腸菌と同様に生物の代表種として知られるだけでなく，枯草菌はゲノムそのものを遺伝子組換えの対象とすることが可能なほぼ唯一の生命体である．ポストゲノム時代において枯草菌が大活躍する（？）日がやってくるかもしれない．

品の多くは使用時に残存毒性などの問題を抱えているため，最終的な解決策とはならない．選択肢の一つとしていま考えられているのは，穀物植物そのものの改造である．遺伝子操作によって雑草や害虫との競争に強い品種が生まれれば，いまよりも除草剤や殺虫剤の使用を低く抑えることで安全に食物を供給できるはずである．

　われわれの住む地球は，いたるところ生命に満ちあふれている．生き物を喰らって生きているわれわれ人間には，まわりの生き物を変える力としてのバイオテクノロジーがある．これからの時代，生き物こそが資源であり，その資源を有効利用する技術がバイオテクノロジーである．
　目に見ることのできる豊かさを演出すること，それは工業の最大の力である．しかし，目に見えぬものの理解なくしてその豊かさの持続と発展はない．技術とは所詮，道具にすぎない．目的を持たない道具は危険なだけである．重厚長大の時代は終わった．科学を軽視する国に未来はない．一過性の技術におぼれることなく，可能性を見すえること，それがわれわれの責務である．

1.2　環境微生物学

a．生命と地球の共進化——環境の創造主としての微生物
　私たちが住む地球は現在，唯一生命体が存在する場所として知られている惑星

である．地球上で生命体がどのようにして誕生し，どのようにして進化して現在に至ったかということは，だれもが関心を持つ課題であろう．これはヒトが本能として抱いている興味であると同時に，ヒトとは何か，ヒトはどう生きるべきかという本質的な命題でもある．ヒトが生まれた必然的要因として，それまでの生物進化と生物が果たした地球環境形成が重要な意味を持つ．過去における生物進化や生態系形成の道をたどることはこの点で重要であるばかりでなく，未来へ向かうヒトの生き方，科学技術のあり方，地球環境問題への取り組み方への道標ともなる．この膨大な時間軸における生物進化を考えるとき，以下に述べるように微生物の存在抜きでは語れない．今日ありとあらゆる自然環境に生息する多種多様な微生物は，この面で私たちに大きな示唆や忠告を与えてくれる．ここに，彼らの存在および彼らと人間社会とのかかわり方を研究する環境微生物学の大きな意義がある．

　地球はいまから46億年前に誕生した（図1.3）．その後，数億年の化学進化を経て最初の生命が誕生したと考えられているが，その起源は現存する最古の地層における炭素同位体比の解析から38億年以前であろうと推定されている．この時代から約6億年前のカンブリア紀直前までの地層には，私たちが直接視覚的に認識できる化石はほとんど存在しない．すなわち，生物進化の歴史を40億年とすると，その85％は化石の証拠を残しにくい微生物のみの時代であったと考えられる．この時代における微生物の進化と多様化は，現在の地球環境につながる環境形成と多細胞真核生物の繁栄に大きく貢献したとする状況証拠が，生物学と地質学の両面から提示されている[1]．

　ここで生命と地球の共進化について，特にバクテリア（domain *Bacteria*，後述）を中心に可能なシナリオを考えてみよう（図1.3参照）．生命が誕生した頃の地球においては現在のような大陸はなく，原始大気と熱い海水に覆われた，現在よりもはるかに有機物が少ない環境であった（ただし生命が誕生するには十分の有機物がすでにあった，あるいは隕石などにより供給されていたと推定される）．この時代には有機物をめぐる生物間の相互作用や生態系は成立しておらず，もっぱら無機化合物をエネルギー源とする（超）好熱性原核生物が生息していたとする説が有力である．現存の高温環境（温泉や海洋熱水噴出孔）に生息する超好熱菌は，これらの末裔の一つと考えられるだろう．超好熱無機栄養細菌 *Aquifex*（*Aquificae* 門）（図1.5の系統樹参照）の全ゲノム解析や生化学データ

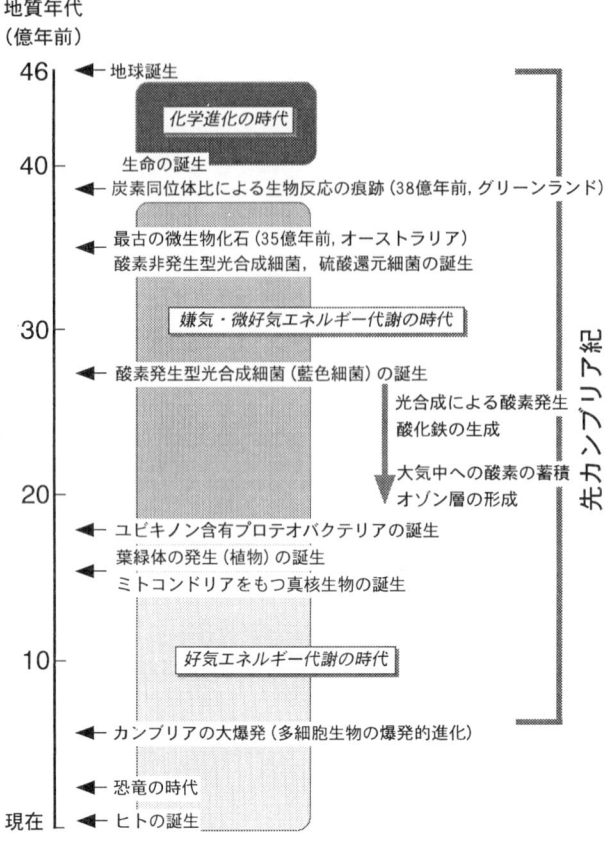

図 1.3　古代地球における生物進化と地質学的イベントの概略

から類推すると，太古時代の細菌はすでに原始的末端酸化酵素を含む呼吸系を有しており，極小濃度の酸素，窒素酸化物，無機硫黄化合物などを末端電子受容体として還元し，呼吸エネルギーを得ていた可能性がある．これらの無機栄養細菌の作り出す有機物の蓄積は，やがて高分子有機分解活性を有する超好熱性有機栄養細菌（*Thermotogae* 門）の登場を促した．続いてこれらの超好熱菌の後に，初めて太陽エネルギーを利用できる酸素非発生型の好熱性光合成細菌（*Chloroflexi* 門）が誕生した．光合成装置の発明は生物進化の中で革命的できごとであった．その後，この光合成システムをもとにして酸素発生型光合成に進化させた藍色細菌（*Cyanobacteria* 門）が発生した．

藍色細菌の登場は，地球史の中でも環境形成にかかわる最も重大な生物学的イベントであったにちがいない．すなわち，光合成の副産物である酸素の発生によって，地球上の金属は酸化しつくされ（酸化鉄の生成），そして一躍好気的な環境が地球表層に形成されたのである．大気中への酸素の蓄積は紫外線を防ぐオゾン層の形成へとつながり，本格的な好気呼吸系を備えた細菌を中心とする地球表層生態系の発達を許した．これらの好気性細菌の代表が，呼吸鎖キノンとして高酸化還元電位のユビキノンを有するプロテオバクテリア（*Proteobacteria* 門）である．また，この系統の好気性細菌が祖先型真核生物に進化共生するようになってミトコンドリアとなり，多くの好気性多細胞真核生物が出現したと考えられている．好気環境に適した進化ができなかったものは嫌気的環境に取り残され，またあるものは，オゾン層の形成後陸上に進出した多細胞真核生物の爆発的進化とともに彼らの体内に寄生，共生する道を歩むようになり，新たな嫌気的エネルギー代謝系に改変していったものと考えられる．一方，ある種の藍色細菌は，真核生物に取り込まれて共生進化の道をたどり，細胞内で葉緑体となった．植物の誕生である．植物プランクトンと陸上植物の進化と多様化は，炭素をめぐる今日的な生態系の形成の確立を許した．すなわち，藍色細菌＋葉緑体の光合成による酸素発生を伴う二酸化炭素固定に対して，化学合成細菌＋ミトコンドリアの好気呼吸による酸素消費を伴う二酸化炭素発生という構図の物質循環である．同時に独立栄養生物と従属栄養生物の食物連鎖網も形成された．

以後，地球生物圏は天体衝突や激しい気候変動とともにさまざまな生物種の絶滅と誕生を繰り返しながら，約450万年前の人類祖先の誕生へとつながった．重要なことは，このような生物種の劇的変動の歴史においても生命と生態系の基本システムは受け継がれ，今日の多様な生物種の繁栄に至っていることである．すなわち，生命の基本設計と物質循環をめぐる生態系の基本構造は，微生物の時代である先カンブリア時代にすでに完了していた．

b．微生物の多様性と役割——目に見えぬ巨大生物群の働き
1）微生物の分布と分類

今日，微生物は砂漠や高山地域などの一部を除いて地球上で最も普遍的に生息している生物である．生息場所としては，動植物が生存不可能と考えられるいわゆる極限環境も含まれる．すなわち，100℃以上の高温環境から零下の極寒地域

まで，pH 1 の強酸性環境から pH 10 以上のアルカリ性環境まで，また高濃度の食塩が存在する塩田や酸素がまったく存在しない嫌気的環境まで，多種多様の微生物が生息している．その中心にあるのは原核生物と呼ばれる微生物である．

ここで，微生物と呼ばれる生物の範疇について少し整理してみよう．生物は細胞構造上，核 DNA を包む核膜と細胞内小器官（organellae）を持つ真核生物と，核膜や細胞内小器官を持たない原核生物とに大別される．図 1.4(a) に示すように，古典的な生物分類体系では生物は 5 つの界に分類され，原核生物はそのうちの Monera と呼ばれる 1 つの界を与えられているにすぎなかった．しかし，リボソーム RNA（rRNA）の塩基配列の違いに基づく分子系統樹からは，生物界は三大生物群によって構成されていることが明らかになり，アーキアドメイン（domain *Archaea*），バクテリアドメイン（domain *Bacteria*），およびユーカリヤドメイン（domain *Eukarya*）という名称が与えられた．微生物とは，私たちが直接目にすることができない顕微鏡下でのみ認識できる生物に対する総称であり，アーキアとバクテリアの原核生物に加え，酵母，カビ，原生動物などの真核生物の一部も含む（図 1.4(b)）．すなわち，微生物という観点からはバクテリアとカビは同じ仲間であるが，系統から見た場合，カビはヒトや植物と同じ仲間である．

分子系統学の進展は，地球上の生物進化と多様化を考える場合，バクテリアとアーキアという原核生物の二大系統の発生と進化を基礎にすればよいことを明確に示した．おそらく，上記の 2 系統の原核生物のキメラ的融合の結果が，多くの多細胞真核生物の起源となった可能性が，細胞構造学，分子進化学，および生化学の多方面のデータから示唆されている．私たちが日常，直接目にすることができる生物は多細胞生物であり，細胞構造上は真核生物と呼ばれる種類である．これらは動物，植物，あるいはキノコなどの菌類として視覚的に認識することができる．ところが実際は，生物量としてこれらに匹敵するか，あるいは上回る量の原核生物が地球を覆いつくしていると考えられ，その総菌数は 10^{30} と推定されている[2]．ヒトの平均体重を 50 kg として地球上の全人口 60 億人を乗じると総体重は 3 億トンになるが，原核生物の総重量（湿重量）はその数百倍として計算される．自然界に存在する原核生物は顕微鏡下で直接数えることができる一方，培養して数えられる生菌数は通常 1% 以下である．この事実は，培養物として実体のない原核生物が自然界の優占微生物であることを意味している．現在，3000 万

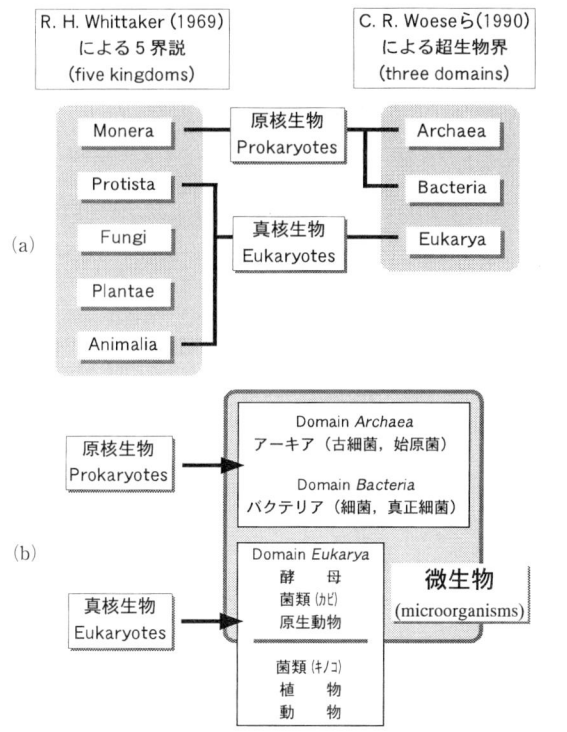

図 1.4 生物の高次分類群（a）および微生物のカテゴリーのとらえ方（b）

種ともいわれている地球上の生物種（species）の中では，文献上昆虫の記載種が最も多い．しかし，分布量から見ておそらくこれを凌駕するほどの原核生物の種が存在しているにちがいない．

ところで，原核生物は二分裂または出芽様式で増殖する単細胞生物であるため，真核生物に見られるような種別の形態的特徴や性的隔たりによって識別できる種という概念があてはまらない．そこで原核生物の分類には，もっぱら細胞形態に加えて生育にかかわる性状やさまざまな有機物の分解性などに基づく生化学的性状が古くから用いられてきた．しかし，このような性質（表現型質という）は必ずしも進化系統を反映したものではなく，あくまでも実用上の分類指標として用いられてきた．しかし，16S rRNA の解析をはじめとする分子アプローチは，現存生物への進化・系統を類推する強力な手段となり，表現型に基づく古典

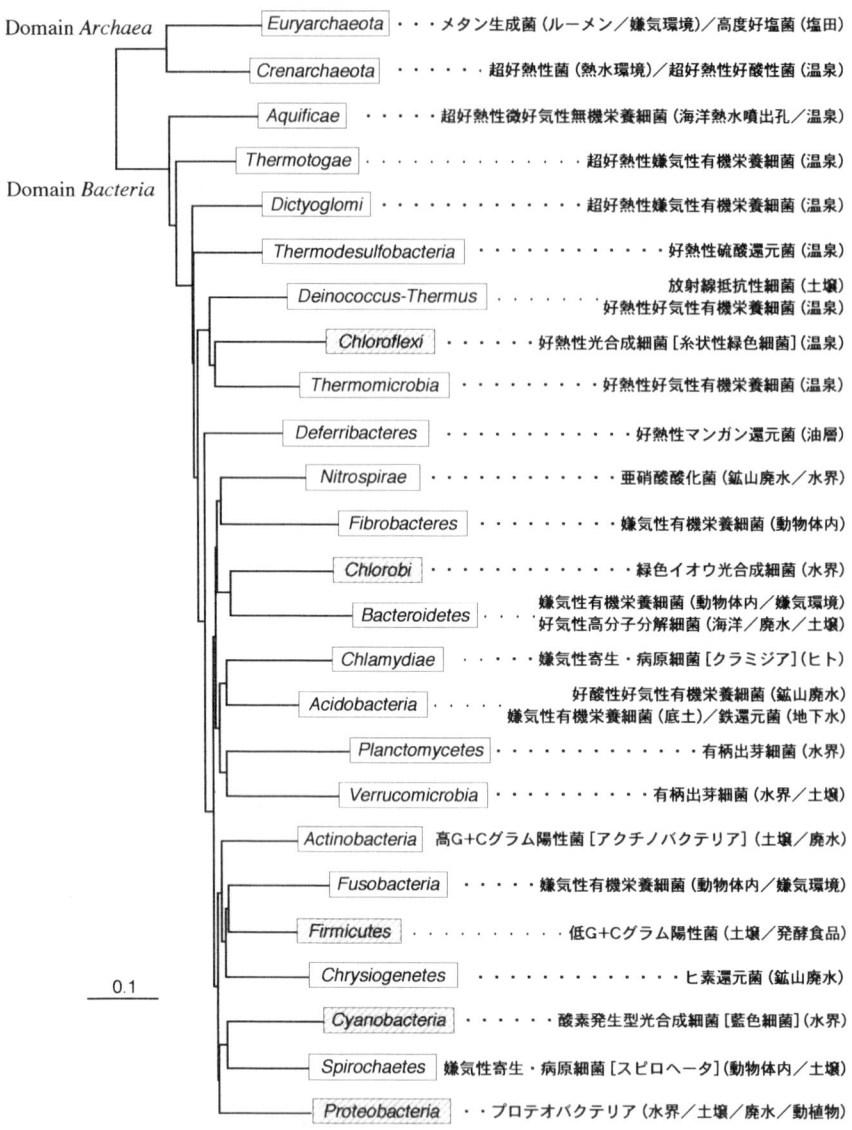

図 1.5 リボソーム RNA の塩基配列に基づく原核生物（門レベル）の系統樹および各系統群に含まれる代表的菌種の生理学的特性と分布．門（phylum）の名称はバージェイズ・マニュアル 2 版（Bergey's Manual of Systematic Bacteriology 2nd edition）に基づく．光合成細菌が含まれる系統群は網かけで示す．系統樹は近隣結合法により作成した．スケールは 10% 塩基置換を表す．

的分類体系から脱却して，より系統を反映した分類体系を再構築する作業を現実のものとした（図 1.5）．同時に，自然界の微生物群集自体の研究へも分子技法が適用され始めた結果，いまだ分離培養されたことがない数多くの系統群が自然界に存在している事実も明らかとなった[3]．

現在，培養物として実体があり，かつ学名が与えられている原核生物の高次分類群だけでも，門（phylum）レベルで 25 に達している．この中で文献上最も分離例と記載種の多い系統群は，アクチノバクテリア（*Actinobacteria* 門），ファーミキューテス（*Firmicutes* 門），およびプロテオバクテリアである．前二者は，それぞれ高 G+C DNA グラム陽性細菌および低 G+C DNA グラム陽性細菌として知られているグラム陽性の二大系統群である．アクチノバクテリアには土壌に生息する菌種が多く知られており，従来から放線菌と呼ばれている一群もこの中に含まれる．ファーミキューテスには納豆菌（*Bacillus subtilis*）や乳酸菌（*Lactobacillus, Enterococcus*）などの発酵食品関連細菌，*Clostridium* 属のような腐敗菌，食中毒・病原細菌のほか，ヘリオバクテリアと呼ばれる光合成細菌も含まれる．一方，プロテオバクテリアは従来グラム陰性好気性細菌として分離されてきた数多くの菌種を包括する系統群で，紅色光合成細菌のほか，大腸菌（*Escherichia coli*），緑膿菌（*Pseudomonas aeruginosa*）などよく知られた菌種を含み，原核生物の中では最もよく研究されている．

分類学は環境微生物学も含めてあらゆる生物学分野の基礎をなす科学である．微生物を利用したバイオテクノロジーの研究においては，当該微生物の分類同定は研究の価値と方向性を決定づける重要な基盤作業である．

2) 生理学的多様性

前述したような莫大な生物量と分類学的多様性を誇る原核生物の一群は，機能のうえにおいても著しく多様性に富み，地球上のありとあらゆる物質の循環，変換反応にかかわっている．このような機能上の性質や生理学的特性は，系統学的な分類や生息域と一致する場合もあるが，同じ生理機能の微生物が系統に関係なく存在する場合も多い．たとえば，光合成細菌は門レベルで 5 つの系統に散在する（図 1.5 参照）．表 1.1 に示すように，微生物は系統的分類とは別に生理学的特徴に基づいていくつかの種類に分けることができる．例として，エネルギー獲得のための手段としては発酵，呼吸，および光合成の 3 様式がある．

発酵は，有機物を基質とする化学反応そのものが持つ自由エネルギーを利用し

表 1.1 生理学的特性から見た原核生物の分け方と呼称

生理学的様式	特徴・種類	一般的呼称
1. 代謝・生育様式		
化学合成	光エネルギーを利用しない代謝・生育	化学合成菌
光合成	光エネルギーを利用する代謝・生育	光合成細菌
2. エネルギー獲得様式		
発　酵	通性嫌気性	通性嫌気性菌
	嫌気性	絶対嫌気性菌（発酵菌）
呼　吸	酸素を利用	好気性菌
	酸素を利用しない	嫌気（呼吸）性菌
光合成	酸素発生型	藍色細菌
	酸素非発生型（嫌気性）	光合成細菌
	酸素非発生型（好気性）	好気性光合成細菌
3. 栄養様式		
無機栄養（独立栄養）	エネルギー源，炭素源ともに無機物	無機栄養（独立栄養）菌
有機栄養（従属栄養）	エネルギー源，炭素源ともに有機物	有機栄養（従属栄養）菌
混合栄養	エネルギー源が無機物，炭素源が有機物	混合栄養菌
4. 特殊な生育特性		
好熱性	生育至適温度が 80℃ 以上	超好熱菌
	生育至適温度が 50℃ 以上 80℃ 以下	好熱菌
好冷性	生育至適温度が 15℃ 以下，0℃ 以下で生育	好冷菌
好酸性	生育至適 pH が 6 以下，pH 7 で非生育	好酸性菌
好アルカリ性	生育至適 pH が 8 以上，pH 7 で非生育	好アルカリ性菌
好塩性	生育に食塩または海水を要求	好塩菌
	飽和濃度の食塩水で生育	高度好塩菌

て化学エネルギー（ATP）を生産する様式で，すべて細胞質の中で行われる．この過程で生じたプロトンと電子は代謝過程で生じた有機物に最終的に渡され，還元された有機物は発酵生産物として菌体外に分泌される．大腸菌は発酵性細菌の代表であり，グルコースを発酵して，乳酸，ギ酸，酢酸，コハク酸，エタノール，水素などの複数の発酵生産物を排出する．大腸菌は発酵だけではなく酸素呼吸でもエネルギーを得て生育できるので通性嫌気性菌と呼ばれる．

呼吸とは，物質の酸化還元過程で生じるプロトン駆動力を利用してATPを生成するエネルギー獲得様式である．基質の酸化で発生した電子は，細胞膜中に存在する呼吸鎖構成成分によって順に運搬され（この過程でプロトンが膜外に排出される結果，膜を隔てたプロトン濃度勾配と膜電位［＝プロトン駆動力］を生じる），最後に末端電子受容体に渡されて処理される．通常，末端電子受容体としては酸素が使われるが，微生物はこれ以外にも硝酸，硫酸，鉄，マンガン，フマ

リボソームRNA

　すべての生物はタンパク合成工場としてリボソームを持つ．リボソームは大小2つのサブユニットからなるタンパクとrRNAの複合体である．原核生物の場合，大サブユニットに23S rRNAと5S rRNAが含まれ，小サブユニットに16S rRNAが含まれている（ここで23S, 5S, 16Sとは超遠心分離の沈降速度から見た大きさを表す）．rRNAの塩基配列は保存性が高く，また同時に系統間で適度な塩基置換が見られるので，生物種の進化系統関係を解析するマーカーとして使われている．中でも16S rRNA（真核生物の場合は18S rRNA）は最もよく使われており，分離菌株の同定や新しい分類群の記載などにおいて必須の解析情報である．以前は細胞から16S rRNAを直接抽出・精製して塩基配列を調べていたが，現在では染色体DNAからそれをコードする遺伝子（16S rDNA）をPCR（polymerase chain reaction）法を用いて増幅し，直接塩基配列を決定するのが一般的方法である．

原核生物の種と分類

　原核生物の分類・同定は，表現型質と遺伝的・系統学的特性の組み合わせによって行われる．一般的に属（genus）以上の高次分類群の場合，16S rDNAの塩基配列情報に基づいてそれらの枠組みが決められるが，明確な基準はない．一方，属内の種の決定には，最終的に16S rDNAよりも解像度の高い異種間染色体DNAの交雑（DNA-DNA hybridization）が用いられ，70%以上のDNA-DNA交雑率を示す菌株どうしを遺伝学的同一種としている．ただし，DNA交雑率が70%以下でも，表現型による差異がなければ，別種としては記載できないことになっている．現在，5000種あまりの原核生物の種が記載されているが，おのおのの種には必ず生きている基準株が存在し，ATCC, DSMZなどの国際的微生物保存機関に保存されており，分譲を受けることが可能である．

ル酸などさまざまな物質を呼吸鎖の末端電子受容体として使うことができる．電子受容体として酸素を使う場合を酸素（好気）呼吸，それ以外を使う場合を嫌気呼吸といい，それぞれを営む細菌を好気性細菌，嫌気性細菌と呼ぶ．また，有機栄養菌は呼吸基質（エネルギー源）として有機物，無機栄養菌は無機物を利用する．呼吸基質が無機物で，炭素源が有機物という混合栄養菌も存在する．

光合成は呼吸同様, 酸化還元反応を利用したエネルギー獲得様式であるが, この過程に光エネルギーを利用する. すなわち, 光合成は光エネルギーを酸化還元反応へ変換するエネルギー獲得形式と考えることができる. 通常, クロロフィルやバクテリオクロロフィルを用いるものを光合成細菌と呼んでいるが, アーキアのある種のもの（高度好塩菌）は異なる色素であるバクテリオロドプシンを用いて光エネルギーを利用する. 光合成細菌は, 水を電子供与体として酸素を発生する酸素発生型（植物型）の藍色細菌と, 硫化水素や有機物を電子供与体として利用する酸素非発生型の光合成細菌とに分けられる. プロテオバクテリアの中には, 好気条件下のみ光合成を行う好気性光合成細菌と呼ばれる一群が含まれる. この中には, 中心金属としてマグネシウムを持つ一般的なバクテリオクロロフィルではなく, 亜鉛を配位したバクテリオクロロフィルを持つものが存在する.

3) 自然環境での役割

自然環境中での微生物の働きは多様かつ複雑であるが, ここではまず, 生物の炭素・エネルギー源としての有機物をめぐる生態系での役割について簡単に述べてみよう. 図1.6に示すように, 生態系の食物連鎖 (food chain) を構成する生物は大きく生産者, 消費者, 分解者に分けられる. 以下に示すように, 微生物はこの三者の役割すべてに多かれ少なかれかかわっている. 一次生産者は, 基本的に光合成により二酸化炭素から有機物を生産する生物であり, 海洋の植物プランクトンや陸上高等植物が中心的役割を果たす. これに加えて, 藍色細菌や酸素非発生型光合成細菌などによる光合成も一次生産に貢献している. また, 光に依存しない一次生産として化学合成独立栄養細菌による炭酸固定がある. 深海の熱水噴出孔の周辺には, 地球内部から供給される無機物を基質とする化学合成独立栄養細菌が一次生産の役割を演じている. 一次生産された有機物を摂取するのが消費者で, 動物プランクトンや草食動物などの一次消費者と肉食動物の二次消費者で構成される. この過程には微生物は関与しないように思われるが, 忘れてはならないのが微生物と動物との直接的な関係である. すなわち, 消化管を有するほとんどすべての動物の体内には, 宿主特有のバクテリアやアーキアが共生しており, 消費者として宿主が食する有機物を二次的に分解・摂取している. 微生物による役割として最も大きいのは, 動植物の遺骸や分泌有機物の分解者としての働きである. この過程で有機炭素化合物は二酸化炭素と水とに無機化される. 一次生産者が固定する大気中の二酸化炭素と有機物の生物分解および呼吸で排出され

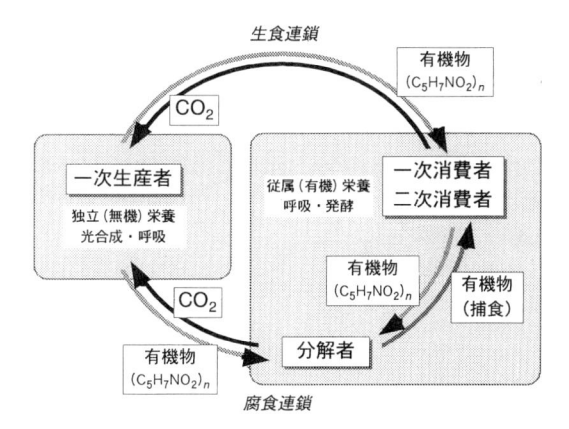

図 1.6 生態系における食物連鎖および炭素循環の概略
生食連鎖は一次生産者が生きている間に一次消費者に食べられる食物連鎖であり，一次消費者は続いて二次消費者に食べられる．腐食連鎖は生物遺骸および排泄物を分解者が食べる食物連鎖である．食物連鎖過程の有機物分解で排出される二酸化炭素（CO_2）は再び一次生産者によって固定される．食物連鎖が直線的でない場合は食物連鎖網（food web）という．

る二酸化炭素の量は釣り合っている．もし，この世から全人類が消え去っても生態系にはほとんど影響を与えないであろうが，これがもし微生物であるとすると，光合成生物はすぐに餌である二酸化炭素の枯渇に困窮し，また地球上は瞬く間に生物の遺骸や廃棄物で埋めつくされ，やがて生物は絶滅に至るであろう．

次に図 1.7 に示すように，窒素循環においても微生物は主要な働きを行っている．一次生産者はタンパク質や DNA を合成するための窒素源を必要とするが，これはまず空中窒素の固定（アンモニアの生成）によってもたらされる．ある種の窒素固定細菌はマメ科植物と共生関係にあり（根粒菌という），植物の生育に必須である．一次生産者によって合成されたタンパク質は消費者に受け継がれ，さらに分解者によってまたアンモニアに分解される．アンモニアは，アンモニア酸化細菌と亜硝酸酸化細菌による硝化作用，硝酸還元細菌による脱窒作用を経て空中へ窒素として戻る．

このような大規模な微生物反応を通じて，生物の遺骸や排泄物はすみやかに分解され，湖沼，河川などの汚れ（＝有機物）は除去され，土壌は肥沃化される．同時に生命の源としての海洋や土壌の生産力は維持される．また，大規模な大気

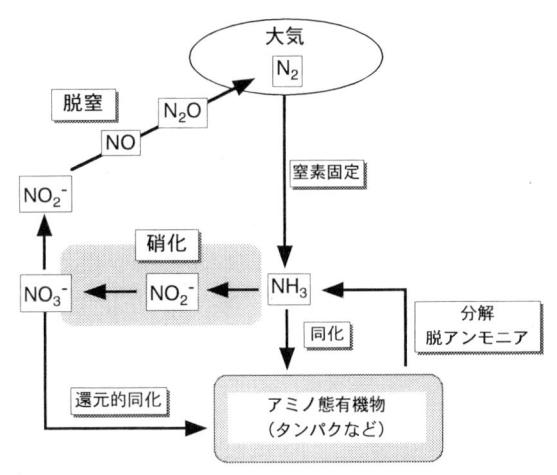

図 1.7 生態系における窒素循環の概略
窒素固定は根粒菌や光合成細菌，硝化はアンモニア酸化菌と亜硝酸酸化菌，脱窒および分解・脱アンモニアは多くの細菌によって行われる．

と地表とのガス交換が行われ，さらには無機物，鉱物の酸化還元（バイオミネラリゼーション）も加わり，地表環境が形成される．このようにして生物圏の物質循環は一定の速度で維持されている．まさしく地球を食べる，地球を造るという形容にふさわしい地球規模の働きを微生物は行っている．本来地球は，局所的な汚染を無毒化してしまう汚染吸収体としての性質（自浄作用）を持っているが，これはこのような微生物の働きによるものである．

c．人間環境と微生物利用技術
1) 社会と微生物とのかかわり

微生物はその一つ一つは目に見えないほど微小サイズでありながら，地球を覆う巨大な生物群集を形成し，生態系を支える力持ち的存在であること，加えて個々の動物の消化管内には特有の微生物が多数常在していることは先に述べた．ヒトの場合，腸内細菌の数はふん便 1 g あたり 10^{11} に達する．腸内常在細菌は宿主とは共生関係にあり，ヒトの場合も健康と密接な関係がある．つまり，ヒトは生物学的に微生物の束縛からは永遠に逃れられない運命にある．

このような生物学的な微生物との関係を意識するか否かにかかわらず，社会微

1.2 環境微生物学

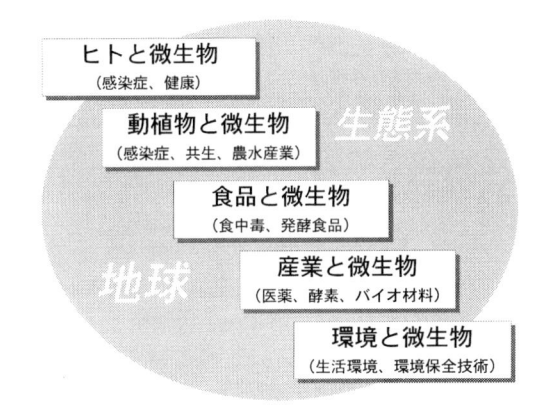

```
     ヒトと微生物
     （感染症、健康）
          生態系
    動植物と微生物
   （感染症、共生、農水産業）

    食品と微生物
    （食中毒、発酵食品）
 地球
    産業と微生物
    （医薬、酵素、バイオ材料）

    環境と微生物
    （生活環境、環境保全技術）
```

図 1.8　社会と微生物のかかわり

生物学という考え方[4]があるように，私たちの社会は歴史的に微生物と密接なつながりを持ってきた．図 1.8 に示すように，その中には感染症と病気，生活環境における微生物災害といった負の面でのヒトと微生物との戦いの歴史がある一方，醸造や発酵食品製造を通じての伝統的な微生物利用の実績がある．また，現代の工業社会においては，微生物の機能を科学的に解明して積極的に産業に利用する技術が数多く産み出され，バイオテクノロジーと称される分野の重要な一角を占めている．微生物を利用したバイオテクノロジーは，ときに発酵技術，発酵工業という形容で表されることがある（発酵は前述したようにエネルギー獲得形式を表す用語であるが，発酵生産物を産業に利用してきた経緯から転じてそう呼ばれるようになった）．さらに環境と微生物という面においては，人間社会から排出される生活廃水および有機廃棄物による環境負荷を低減するために，いわゆる古典的バイオテクノロジーと呼ばれる生物学的廃水処理技術やコンポスト（堆肥）化処理技術が長年用いられてきた．現在，環境に関連した微生物利用技術は環境バイオテクノロジー（後述）と呼ばれる分野に発展しつつあり，21 世紀の技術創成においてゲノム科学とならんで有望なバイオ技術分野として期待されている．

2) 微生物利用技術の概念

ここで，一般的な工学技術に対する微生物利用技術の概念や位置づけについて考えてみよう．微生物細胞は，すばらしく高性能で多様な働きを持つ精密分子機械とも呼べる有機分子集合体である．微生物を利用したバイオテクノロジーは，

この高度な精密分子機械の働きを基盤としている．しかし，ここで強調しておきたいことは，その分子機械の構成成分である化学物質をすべて材料として集めたとしても，それを人為的に再構成することは不可能であるということである．最も"単純な"細菌でさえ，その"複雑さ"ゆえに人工的に造ることはできない．すなわち人工生命体と呼べるものは存在しない．人工生命というまぎらわしい言葉があるが，これはコンピュータ上の仮想生命を意味する語であり，文字どおりの人工生命ではない．遺伝子工学を含めたバイオテクノロジーは，新しい機能を持つ遺伝子，酵素，および細胞を造り出すことができるが，それはほとんどの場合，生命体自身が造り上げてきた遺伝子の複製機能や発現機構を利用しているにすぎない．たとえば，遺伝子工学で特定の機能を強化した酵素を造るとしよう．この場合，その機能のもととなる改変遺伝子をベクター（運び屋）と呼ばれるプラスミドに挿入し，それを宿主と呼ばれる大腸菌などの微生物細胞に導入して，その宿主自身に酵素を造らせるのである．すなわち酵素生産工場の基本システムは微生物細胞が担っている．クローン牛を造る場合は，牛という生命体そのものが生産工場である．つまり，バイオテクノロジーと呼ばれる技術の多くは，人類が造り上げることができない高度な精密分子機械を基本システムとして使うことにおいて，従来の工学技術とは決定的に異なる（一部には生命体を直接使わない新しいバイオテクノロジーも存在する）．

　この分子機械は人工的に造ることができないばかりでなく，実はその中身でさえよくわかっていない．たとえば，ゲノム生物学の到来は生物の仕組みや機能の基本的理解に多大なる貢献をすることが期待されているが，ゲノム解析が終了している中でも単純な生物である大腸菌においてさえORF（open reading flame, 読み枠）の40%近い部分が機能不明であり，また挿入配列やウイルスの残骸と思われる部分が多数見つかっている[5]．大腸菌と他の細菌種とでは60%近くの遺伝子が一致しない．解読済みの中では最も類縁の*Haemophilus*と共通遺伝子を比較しても，ゲノム上の配置を見るとまったく異なっている．

　工学においては要素技術の開発が重要であり，またそれは局所最適化という概念を基盤として行われる．微生物を含む生命体を使う技術も基本的に同じであるが，材料の性質上，通常の工学技術に比べてはるかに不確定因子が作用する危険性が高いことが特徴である．これは前述したように，未解読の天然の高度なシステムを媒体として使うことに由来する．微生物利用を含めたバイオテクノロジー

においては，媒体そのものや周辺領域の基礎科学研究を常に行いながら技術精度を上げていく必要がある．生命科学やバイオテクノロジーの分野は基礎と応用研究の境目がないとよくいわれるが，このような理由によるものである．

3) 複合系，複雑系のプロセス

もう一つの微生物利用技術の特徴として，人類が古くから用いてきた複合系，複雑系のシステムがあげられる．たとえば，この手のものとして生ゴミを含めた生物系有機性廃棄物のコンポスト（堆肥）化処理がある．この方法の注目すべき特徴として，その簡便さと経済性に加えて処理規模における著しい柔軟性があげられる．すなわち，生ゴミのコンポスト化は個人レベルから工場規模に至るまで幅広いスケールで，かつ比較的簡単な技術で実施することができる．それは，生態系の物質循環とそこに常在する分解者としての複合微生物群集の働きをそのまま利用した技術であるからである．機能媒体として，長い生物進化の中で完成された複合微生物系という自然の高度なシステムを使うので，とりたてて新しい工学的システムを考える必要はなく，またたとえその中味がブラックボックスであったとしても，安全性は長い生物進化と経験の中で保障されている．人間は基本的にそのシステムの補助をするだけでよいのである．

活性汚泥法のような生物学的廃水処理も複合系プロセスの代表である．20世紀初頭，汚水に空気を吹き込むと自然と浄化されるという現象が見出され，活性汚泥法が実用化された．以来，世界的に都市下水処理のほとんどは活性汚泥法で行われている．これは，水界の好気性従属栄養細菌群集による有機物の酸化分解と微小動物に至る食物連鎖（捕食作用）を基本原理とする廃水処理法である．また，これに付随，改変して窒素，リンの栄養塩除去も行われる．一方，嫌気処理はメタン生成アーキアのエネルギー獲得形式と嫌気微生物の共生系を利用した方法であり，副産物としてメタンが生成される．本法ではメタンをエネルギー源として再利用できる利点があり，活性汚泥法では処理できない高濃度の有機廃水や固体廃棄物の処理法として期待されている．

複合系プロセスの意味するところは，生態系の物質循環に根差したバイオテクノロジーは安全面，コスト面から見ても比較的実施が容易であるということであり，事実，人類はバイオテクノロジーと特別に意識することなく，上記の技術を導入してきた歴史的背景がある．しかしながら，複合微生物系を利用する技術の場合，個々の微生物についての情報が不十分なうえに，複雑な生物間の共代謝

(コメタボリズム，cometabolism）や相互作用も加わるため，単一菌種を用いる場合よりもはるかに不確定要素が多く，安定した処理成績を得ることは難しい．また，1つの菌種についての局所最適化の情報は，複合系ではあてはまらないことが多い．コンポスト化処理も生物学的廃水処理も比較的簡単に使うことができるかわりに，運転管理上のトラブルも多い．より高度な処理や制御技術を目指そうとするならば，当然ながら複合系の中味と複雑系の機構に関する詳細な情報が必要である．

コンポスト系と活性汚泥系は微生物の高次分類群の分布では共通する部分があるものの，その群集構造は異なっている．一般的に，前者はアクチノバクテリア，後者はプロテオバクテリアを主体とする群集構造が見られる．コンポストは，固相-気相界面の反応を得意とする微生物分類群の集まりであり，活性汚泥は液相での反応になれた微生物集団である．また，活性汚泥は中温域（15～35℃）では機能するが，その温度帯をはずれると働かなくなる．有機廃水を50℃の高温で微生物処理することは可能であるが，その群集構造や制御法から見た場合もはや活性汚泥とは呼べない代物になる．生態系においては，長年の生態進化の結果として個々の生物種に特有の生態学的地位（ecological niche）があり，また場に適合した群集構造があるが，複合微生物処理系においてもそれはあては

コンポスト化処理
◆

生物由来の固体有機廃棄物を微生物や微小動物を用いて安定な最終生産物（コンポスト，堆肥）に変換する処理法で，伝統的に農畜産廃棄物の処理に用いられてきた．コンポスト化（composting）は大まかな4つの温度段階を経て進行する．固体廃棄物を積み上げておくと，その中の有機物を分解・利用できる微生物の増殖が始まり（中温期），続いて微生物の代謝熱によって系全体の温度が上昇する（高温期）．分解利用できる有機物が少なくなると温度は低下し（冷却期），やがて系内の温度や微生物活動は安定して熟成期に至る．この過程で微生物の好気呼吸を促進するために切り返しと呼ばれる撹拌作業が行われる．このような伝統的な長期間の回分処理のほか，連続的に廃棄物を投入する連続回分式のコンポスト化処理法もある．この原理を応用して小型化した槽内で処理できるようにしたのが生分解式生ゴミ処理機である．

まるであろう．すなわち，たとえば土壌由来のデンプン分解菌では，廃水処理系でのデンプン分解はできない可能性がある．環境中の微生物群集構造の解析はこの点で非常に重要である．

d．微生物と環境バイオテクノロジー
1）環境汚染と生態系

　高度な文明社会の中にある現在の私たちの生活の利便性は，科学技術の恩恵にあずかっていることはいうまでもない．特に工学や関連技術の進歩は一昔前からは想像がつかないほど，さまざまな文明の利器を私たちの生活にもたらしている．しかし，この文明社会による産業経済活動の代償としてさまざまな環境汚染が生まれていることも周知の事実である．図1.9に環境汚染の形態と生態系との関係についての概念図を示す．人類の歴史において，いつの頃から環境汚染と呼ばれる現象が起こり，意識されるようになったかは定かではないが，ヒトが集団的生活を営めば自ずから排泄物や生活廃水による衛生学的，生物学的汚染が起こ

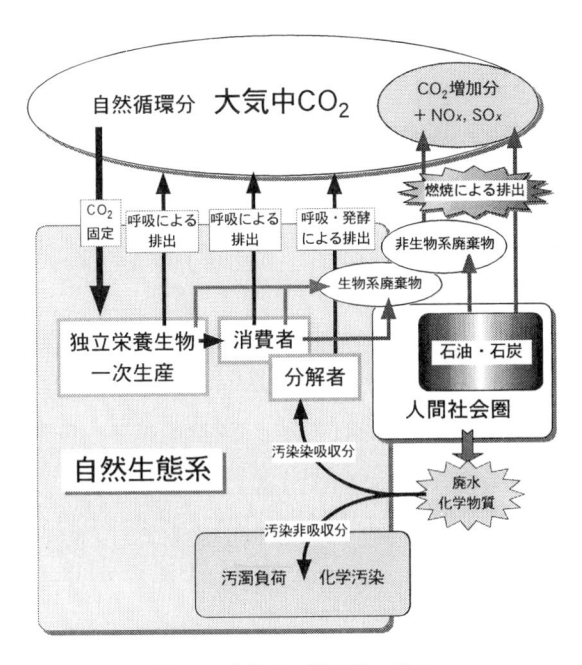

図 1.9　生態系と環境汚染の概略

る．しかし，このような汚染は本来地球の汚染吸収能力によって除去される性質のものであり，ある程度の負荷量になっても系外からエネルギーを投入することにより，生物学的処理が可能である．一方，化石燃料そのもの，およびそれから派生するプラスチックや化学物質などは生態学的に循環しにくい物質であり，生態系に排出すればそのまま長期間残存して化学汚染を引き起こし，燃やせば直接二酸化炭素の増加につながる．現在の環境問題が，従来の公害に代表されるそれと異なる点は，一部の産業活動に伴って生じた地域型汚染に限定されるものではなく，現代文明の基本構造，産業活動，および一般社会の生活の営みに由来するグローバルな環境汚染が新しく起こってきたことである．

現在最も大きい地球環境問題の一つとして，化石燃料由来の二酸化炭素増加に伴う地球温暖化やフロンガスによるオゾン層破壊がある．同様に石油文明に起因する環境問題として，大気中の窒素酸化物汚染や酸性雨による森林破壊と土壌酸性化などがあり，さらにはタンカー座礁や油田地域の戦争破壊による海洋および沿岸域の原油汚染があげられる．エレクトロニクス産業やクリーニング産業では，長年洗浄剤としてトリクロロエチレンなどの有機塩素系溶剤を大量に使用してきたが，これが地下水を汚染していることはマスコミでも頻繁に取り上げられるほど顕著化している．塗料や石油系プラスチックの重合剤として使われるいくつかの化学物質は，内分泌攪乱化学物質（いわゆる環境ホルモン）としての作用があることが疑われており，これらは生活環境や生態系を広く汚染していることが知られている．DDT, BHC, PCP などの塩素系殺虫剤は現在使用が禁止されているが，かつては大量に農薬として使用された難分解性の物質である．またこれらに不純物として混じっていたダイオキシンが，過去の農薬散布によって大規模に水田を汚染し，それがもとで広く環境を汚染してきたことが明らかになっている．加えて，ダイオキシンは都市ゴミの焼却処理によって生成し，周辺環境を汚染してきたことも知られている．絶縁体として使われてきたポリ塩化ビフェニル（PCB）もすでに使用が禁止されている毒性の強い化学物質であるが，広く環境を汚染し水生生物の体内に生物濃縮されていることはよく知られている．

2) 微生物利用技術——ポスト石油化学時代の新潮流

現在の環境問題は1つの方策で解決できるという簡単なものではなく，政治，経済，教育，科学技術などの多方面から対策を講じていく必要がある．この中で，微生物を利用した環境バイオテクノロジーはポスト石油化学へ向けた"地球

を癒す科学技術"として注目されており，エネルギー資源や環境分野で大いに貢献することが期待されている．

図1.10には微生物を利用した環境バイオテクノロジーの分野の現状と展望を示す．この中にはすでに歴史的な実績がある廃水処理や廃棄物処理技術がある一方，これからの実用化が期待される生物学的環境修復やバイオマス生産・変換技術といった新しい分野がある．現在，研究されている環境修復技術には，汚染地下水中のトリクロロエチレン，テトラクロロエチレンの分解除去やダイオキシンで汚染された土壌および焼却灰の処理などが含まれる．一般的にこれらの難分解性物質に対する自然界の微生物の分解速度はきわめて遅く，いかにしてこれらの分解力を上げて目的を達するかというのが大きな課題である．遺伝子工学的に活性を増強した組換え微生物を環境利用するアイデアもあるが，開放系で利用する場合，現場の微生物群集との競合に勝てるか，処理後の生態系への影響はないか，一般市民のコンセンサスが得られるか，など克服しなければならない課題が

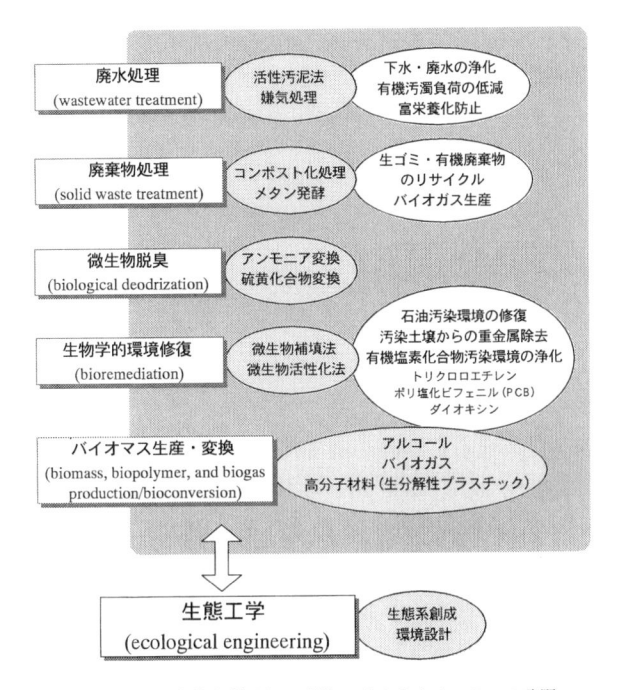

図1.10 微生物を利用した環境バイオテクノロジーの分野

生物学的環境修復

◆

　自然生態系が持つ物質循環，分解プロセスの能力を超えて環境中に汚染物質が存在するときに，その環境になんらかの反応工程や補助物質を導入することにより，全体の分解能力を高めて汚染物質を除去する方法を生物学的環境修復（bioremediation）という．この方法では，汚染物質にかかわる分解代謝系を持っている微生物がその環境に存在すること（または系外から投入できること），その微生物の機能が実際に発揮され，対象物質が規制値以下になること，そしてその結果として新たな毒物が蓄積したり，生態学的な悪影響を与えないこと，地域住民のコンセンサスが得られることなどが必要条件として求められる．生物学的環境修復には，原位置で分解除染反応を行う方法と，汚染土壌や汚染水を特定の反応槽で処理する方法とがある．その場合，現場にすでに存在する微生物の活性に期待して栄養添加などの活性化処理を行う微生物活性化法（biostimulation）と，系外から分解微生物を投入する微生物補填法（bioaugmentation）とがある．後者の場合には，投入微生物が働きを終えた後も長期間残存しないことも求められる．実際には生物補填法によって環境修復を行うことは容易ではなく，現在まで成功例はほとんど報告されていない．これは本文で述べたように，場に応じた特有の微生物群集構造とそれに依存した強い相互関係があるため，系外から投入した菌は現場での生存競争の中で容易に働きを発揮できないことが推察される．

ある．バイオマス変換技術では，アルコール，メタン，水素などの燃料，エネルギー源の生産があり，また生分解性プラスチックの生産と環境利用などの課題も含まれる．

　エコロジー工学や生態工学（ecological engineering）といわれる分野では，環境を修復したり失われた生態系を再構築することが大きな目標の一つである．生態系を支えるのが微生物群集であることを考えると，環境微生物学の基礎的情報や環境バイオテクノロジーはこの面でも貢献できるものと考えられる．またおのおのの生態系の管理制御という点では，指標としての微生物群集の動態解析が必要であり，この面での実用的な技法開発も重要課題であろう．現在このような目的のために，16S rRNA情報やPCR法を利用した分子技法，蛍光プローブを

用いた顕微鏡技術,菌体構成成分を標的とするバイオマーカー法など,培養技術に頼らないさまざまなアプローチがなされている.

引 用 文 献

1) 川上紳一:生命と地球の共進化,日本放送出版協会,2000.
2) Whitman, W. B. et al.: *Proc. Natl. Acad. Sci. USA,* **95**: 6578-6583, 1997.
3) Pace, N. R.: *Science,* **276**: 734-749, 1997.
4) ポストゲイト,J. 著,関 文威訳:社会微生物学,共立出版,1993.
5) Blattner, F. R. et al.: *Science,* **277**: 1453-1474, 1997.

2

環境調和のテクノロジー

2.1 水環境の保全と水処理技術

　河川，湖沼，地下水，海域は，古来より水源，水産，交通など人々の日常生活や産業活動の基盤として重要な役割を担ってきたのみでなく，快適な水辺環境を提供し，憩いの場としての機能も果たしてきた．しかし，近代よりの生活レベルの向上と産業活動の拡大に伴い，水環境に多大な影響を与えてさまざまな問題を起こすようになった．

　水は雨となって地上に降り注ぎ，森林や土壌・地下に保水され，川を下り，海に注ぎ，蒸発して再び雨になる自然の循環過程の中にある．水は降水から河川，海域に向かうまでの間，資源として供給されさまざまな形で何度も使用されたのち，自然の循環経路に戻される．水利用はこの循環過程の水のみならず，同時に土壌や生物に大きな影響を与えている．したがって，水利用に伴う環境への負荷が自然の浄化能力を超えることがないよう，さらに，水の量と質，水生生物，水辺空間などを考慮した総合的な水環境への対応が大切である．

　本節では，生活や産業において水利用により発生する水質汚濁の発生源とその汚濁機構を学ぶとともに，水環境を保全するための技術についてこれらの概要を紹介する．

a．水利用と水質汚濁

　水は生活や産業にとって不可欠な資源であるが，一方で，水利用は水環境に多大な影響を与えている．本項では，水資源と水利用の現状および水利用に伴う水質汚濁の機構とその現状について言及する．

1) 水資源

水の循環とわが国における水利用の状況を図 2.1 に示す．わが国は世界でも有数の多雨地帯であるアジアモンスーン地帯に位置し，降水量は 1700 mm（約 6500 億 m³）/年であり，世界平均約 970 mm/年の約 2 倍に相当している．わが国の全降雨量のうち，2300 億 m³ が地表から蒸発し，残りの 4200 億 m³ が地表水（河川・湖沼）あるいは地下水を経て海に流れている．

ところで，地球全体でおよそ 14 億 m³ の水があり，その 97.5% が海水といわれる．残る 2.5% のうち約 70% は極地の氷で，実際に利用できる淡水は，全体の約 0.8% にすぎない．この利用できるわずかな淡水のうち 95% 以上が地下水で占められている．地下水はきわめて良質で，水温変動が少なく，水量的にも安定している．また，表流水の供給源として河川，湖沼の水質保全にも役立っている．

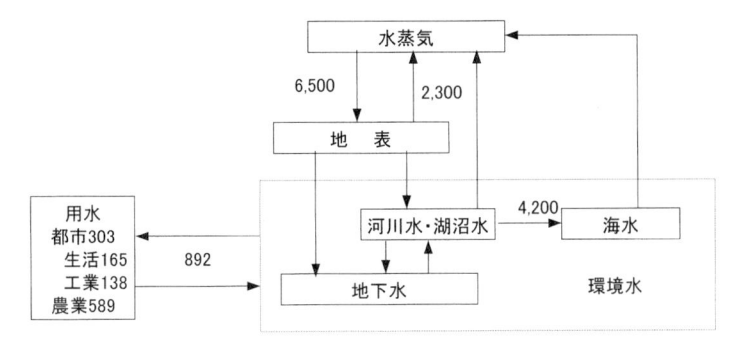

図 2.1　水の循環とわが国における水資源の利用状況（単位：億 m³/年）[1),2)]

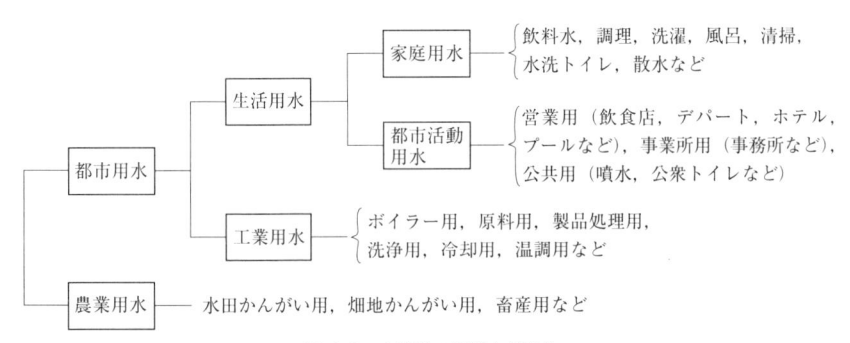

図 2.2　水使用の形態と区分[2)]

2) 水利用

水利用の形態と区分を図2.2に示す．1997年度におけるわが国の水使用実績は，合計で約892億 m^3/年であり，生活用水と工業用水の合計である都市用水約303億 m^3/年，農業用水約589億 m^3/年であった．ただし，養殖に利用された水，電気事業などの公益事業に使用された水や，降雪対策などに用いられる水などは含まれていない．

生活用水の使用量は取水量ベースで約165億 m^3/年，有効水量ベースで約144億 m^3/年であった．生活用水は水道により供給される水の大部分を占めている．水道普及率は96.1%，給水人口1億2129万人となっており，生活用水の使用量は有効水量ベースで324 l/人/日であった．

工業活動における淡水使用量は555億 m^3/年であった．一方，回収率は77.9%であり，その結果，河川・地下水などからの淡水補給量は138億 m^3/年であった．淡水使用量は化学工業，鉄鋼およびパルプ・紙製造業の3業種が全体の約70%を占めていた．

農業用水は，水田かんがい用水，畑地かんがい用水，畜産用水に分けられ，取水ベースで約589億 m^3/年であった．

3) 水質汚濁の指標と基準

われわれは日常生活や産業活動において，水とともに多数の物質を利用しているが，これらが廃棄物や廃水に含まれて環境に排出されている．この中で人体に対して毒性を有するものや強い生理作用を持つものを有害物質という．また，人の健康に直接被害を与えるものでなくても，流水中で化学的かつ生物学的変化を受け間接的に水質を損なうものとか，付着，堆積，閉塞などにより生物あるいは構造物に障害を起こすもの，さらに，色，温度などの水の状態変化も水環境を損なう．このように水利用により水質が悪化して人の健康や自然環境に障害をもたらすことを水質汚濁といい，水質汚濁の原因となる物質を汚濁物質という．

国が定める環境基準および排水基準に取り上げられている水質汚濁項目を表2.1に示す．水質汚濁にかかわる環境基準とは，公共用水域の水質について達成し維持することが望ましい基準を定めたものであり，人の健康の保護に関する環境基準（健康項目）と生活環境の保全に関する環境基準（生活環境項目）からなる．1999年2月現在，健康項目についてはカドミウム，シアンなど26項目，生活環境項目は BOD，COD（有機性汚濁物質の指標）など9項目が定められてい

表 2.1 水質汚濁項目と水質指標[3]

区　分		健康項目	生活環境項目
総合水質指標			pH, DO, BOD, COD, SS, ノルマルヘキサン抽出物質, 大腸菌群
元　素	金　属	カドミウム, 水銀, 鉛, セレン	銅, 亜鉛, 溶解性鉄, 溶解性マンガン, クロム
	両性物質	ヒ素	
	非金属	フッ素, ホウ素	窒素, リン
化合物	無機化合物	シアン, クロム(VI), 硝酸性窒素および亜硝酸性窒素	
	有機化合物	有機水銀, ベンゼン, 有機塩素化合物*, 農薬**	フェノール類

＊有機塩素化合物：PCB, ジクロロメタン, 四塩化炭素, 1,2-ジクロロエタン, 1,1-ジクロロエチレン, シス-1,2-ジクロロエチレン, 1,1,1-トリクロロエタン, 1,1,2-トリクロロエタン, トリクロロエチレン, テトラクロロエチレン.

＊＊農薬：1,3-ジクロロプロペン, チウラム, シマジン, チオベンカルブ.

る．産業活動により排出される水については，水質汚濁防止法により全国一律の排水基準が定められている．さらに，都道府県の条例により上乗せ排水基準（地域の状況に応じて，全国一律基準よりさらに厳しい基準）が設けられている．

汚濁物質には，シアン化合物やクロム酸塩などのように，その物質が特定されて，その分析法も確立されている場合には，その方法に従って分析し，水質汚濁との関係を明らかにすることができる．

これに対して，個々の物質に関係なく共通した結果を定量的に扱うことによって，水質汚濁の程度を判断する方法がある．これを水質指標といい，代表的なものに BOD および COD がある．また，河川，海洋などの水質汚濁の程度を判定する生物指標および病原性生物の存在を判定するための大腸菌群数がある．

(1) BOD (biological oxygen demand, 生物学的酸素要求量)

BOD は水中の好気性微生物によって消費される酸素の量のことで，試料を 20°C で 5 日間培養したとき消費される溶存酸素の量から求められる．BOD は水

中の好気性の微生物にエネルギー源として摂取される有機物の濃度がどの程度あるかを示すものである．

(2) COD (chemical oxygen demand, 化学的酸素要求量)

CODは，試料を硫酸酸性として過マンガン酸カリウムなどの酸化剤を加え，沸騰水中で30分間反応させ，そのとき消費した酸化剤の量を酸素の量に換算して表す．CODは水中の汚濁程度を表す指標であるが，同じ物質でも酸化剤によって測定値は異なり，また，物質の種類により酸化率が異なるので普遍的な指標ではない．

(3) 大腸菌群

水を介して伝染する病気の原因となる病原性生物として細菌，ウイルス，寄生虫卵などがある．これらをすべて検査することは困難であり，水質判定のため常時実施できるものとして，大腸菌群の検定が採用されている．大腸菌類は，人のし尿，動物のふん尿に含まれ，それ自体の病原性は低いが，他の病原菌の存在を示す指標として有効な役割を示している．

(4) 生物指標

河川，海洋では水域の特性に応じた特有の生物が生息し，その水質が汚濁するとその汚濁の程度に対応して生物種が変わることが知られている．この水生動物の住み分けを応用して，各水域の生物の種類とその個体数を調べ，汚濁の程度を判定する方法を生物指標といい，指標となる生物種を指標生物という．

4) 水環境の現状

戦後の高度成長期における産業活動の急速な拡大と人口の都市集中に伴い，環境水の深刻な水質汚濁が進行した．こうした事態に対し，1970（昭和45）年，公害対策基本法の改正および水質汚濁防止法が制定され水質汚濁にかかわる環境基準や工場排水基準が定められてから，水環境は総体的には改善傾向にある．

日常生活や産業活動に伴う主な水質汚濁の発生源を表2.2に示す．日常生活に伴う廃水も環境への大きな負担となっている．生活廃水におけるBOD負荷量の割合を発生源別に見ると，台所4，し尿3，風呂2，洗濯1となっている．生活廃水対策として下水道や合併浄化槽の整備などが進められている．このほかに，市街地，土地造成現場，農地などの非特定汚染源から降雨などにより流出する汚濁負荷や過去に沈殿，堆積した底質からの栄養塩類の溶出による汚濁がわが国の水質汚濁の要因となっている．

表 2.2 水質汚濁の発生源

都市廃水	生活排水, 飲食店・ホテル, 病院, クリーニング, 学校・研究所, 市場・食品販売店, 車両整備・ガソリンスタンド, 印刷・写真現像所, デパート, 水族館など
工業廃水	各種製造業（ガス, 電気供給業を含む）など
鉱業廃水	鉱山・選鉱・精錬, 建設・建材用砂利採取, 窯業用採土・製土など
農業廃水	農業用かんがい, 牧場・畜舎, 水産養殖場・ふ化場など
その他	船舶, と畜場, ごみ焼却場, し尿処理施設, 下水処理場, 学生寮・社宅, 廃棄物処分場, し尿浄化槽, 住宅団地排水処理施設, 農業集落排水処理施設など

　表2.1中の人の健康にかかわる有害な物質である健康項目については大幅な改善がみられ，最近の達成率は99.5%前後である．生活環境項目については，1998年度における環境基準の達成率は全体で77.9%，河川で81.0%，湖沼で40.9%，海域で73.6%であった．水質汚濁防止法制定以来，河川は着実に改善されているが，湖沼，内海，内湾などの水の出入りが少ない停滞性の水域（閉鎖性水域）の水質改善状況は横ばい状態で全般的にはかばかしくない．

　閉鎖性水域は外部との水の交換が行われにくく汚濁物質が蓄積しやすいため水質の改善や維持が難しく，河川や海域に比べて基準の達成率が低い．また，クリストスポリジウムなどの新種の病原性微生物，環境ホルモンと呼ばれる内分泌攪乱作用のおそれのある化学物質，あるいは廃棄物処分場からの浸透水による水質汚染が問題化している．

　地下水は有機塩素化合物および硝酸性窒素による汚染が明らかになっている．地下水はいったん汚染されると，回復するまで長い年数を必要とし効果的な対策も困難であるので，汚染に対して特に注意が必要である．地下水汚染では，硝酸塩，亜硝酸塩，消化器病原菌などがある．有害物質による汚染では，クロム（VI）化合物によるものが最も多く，水銀，シアン，カドミウム，ヒ素，有機リン化合物，鉛について少数ながら報告されている．塩素系溶剤による地下水汚染は，わが国でも広範な汚染が確認されている．

5) 水質汚濁の機構

　流水の中に流入した物質が，環境の条件に支配されながら環境水質を汚濁する過程は，多種多様な要因と複雑な相互関係がある．流入物質は水の運動に伴う空間的移動の結果，汚濁した水環境を形成する．その移動過程の時間的経過の中

で，物質変化が進み，流水の水質は変化していく．流入する物質の量とこれを受け入れる水環境の状況により汚濁の程度が決まり，流入する物質の量が過度になると水質汚濁が発生する．水質汚濁とは，毒物による一方的な障害は別として，ものによっては水質改善に向かう一時的な過程でもある．このような水質汚濁の現象とその原因となる物質との因果関係，また物質移動の様相，物質変化のメカニズムなどを把握することが水質汚濁の対策のうえで大切である．

(1) 物質循環と生物作用

水は，気体・液体と形を変えながら地球上を循環して，瞬時も静止していない．水は循環している間にさまざまな働きをするが，重要な機能は物質の運搬である．地表面を流れる水は，土砂や溶解塩類を運び，海に蓄える．生物は，水を体内に取り込むと同時に必要な物質を摂取し，成長し，生活のエネルギーを得ている．

自然界では，図 2.3 に示すように常に生物を介して物質の生産と消費・分解が行われており，ある平衡が保たれている限り，生態系の維持は健全である．しかし，人為的な介入が極端に大きくなったり，生態系の構造を無視するような作用を加えると，たちまちにして破壊に向かって変化が起こる．このような状態が水質汚濁である．

たとえば，河川に有機物が流入したとする．しばらくして，この有機物を栄養源として細菌類が繁殖する．この有機物の量が少量であれば，細菌類に分解されて再び川はもとの状態に戻り，これを自浄作用と呼んでいる．しかし，自浄作用の効く範囲を超えると，川は嫌気状態となり，メタン，二酸化炭素とともに硫化水素，アンモニアなどの有毒物質が発生して，いわゆる死の川となり深刻な水質

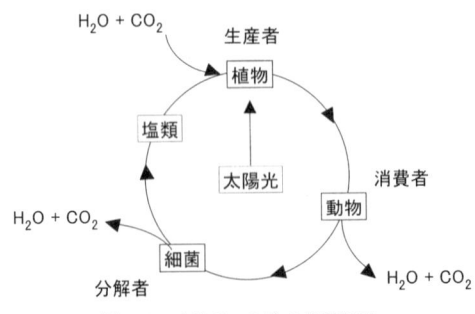

図 2.3 生態系における物質循環

2.1 水環境の保全と水処理技術

汚濁が発生する．

(2) 川の自浄作用

流水の自浄作用とは，汚濁した水が時間的経過と空間的移動の間に，汚濁物質が減少して清水に近づくことを意味する．自浄作用を作用機構から次のように分けられる．

① 物理的作用：支流などから流入する清水により希釈，大量の水中への拡散，混合，沈殿，ろ過による汚濁物質の除去，揮発性物質の大気中への揮散などによって汚濁物質が減少する．

② 化学的作用：光，酸素，オゾン，落雷などによる酸化・還元作用，酸化性あるいは還元性物質による酸化還元反応，底質物質への吸着，物質相互間の化学反応，凝集などによって汚濁物質の減少が起こる．

③ 生物的作用：微生物，プランクトン，水生植物，魚類など水生生物による摂取・代謝分解により汚濁物質が除かれる．

(3) 地下水の汚染

地下水は地表水と異なり流れがゆるやかである．さらに，水の流れの方向が把握しにくく，水平方向に加えて深さ方向への流動もあるため，汚染源の特定，影響の及ぶ範囲の予測がきわめて困難である．汚染物質の流入に対して，流量が少ないため希釈効果が働かない．揮発，吸着などの系外排除，酸化・還元分解，光分解，生物分解などの自浄機能が働きにくい．地下水中での汚染物質の挙動が複雑かつ不明確で，その解明には多大の労力，時間，費用が必要である．

地下水汚染が発見されたとき，汚染状態が長期にわたって継続するため，汚染した時期を過去にさかのぼって明確にすることが難しい．したがって，微量でも汚染された地下水の回復は困難で，その影響は長期にわたり，広範囲に及ぶ危険がある．

(4) 富栄養化

富栄養化とは，本来，湖沼中の栄養成分の量が少しずつ増えていくことを意味している．地核変動などによりできた直後の湖は，生物の栄養源がなく，ほとんど純粋に近い状態の水が貯まっているにすぎない．このような生物のほとんどいない貧栄養湖でも，しだいに周囲からの流水の流入に伴って，栄養塩類が流入し，蓄積され，生物の発生が認められるようになる．生育した生物は死滅して湖底に堆積し，栄養塩類が蓄積し，再び溶出することと新たな供給により，生物が

発生と死滅を繰り返すうち，しだいにその濃度を高めていき，深かった湖も，生物死骸と土砂の流入が加わりしだいに埋まっていき，やがて湿原となり，台地を形成しながら森林地帯へと遷移している．富栄養化現象とは，本来，このような自然の遷移現象をいう．

近年，人の活動が大規模となり，環境水域，特に閉鎖性水域においては，この栄養状態のよくなる速度が加速し，過度に栄養状態がよくなった．図2.4に示すように栄養塩類が閉鎖性水域に流入すると藻類の繁殖が起こり，これが底に沈積して嫌気性生物分解により栄養塩類が溶出し，これが再び藻類の繁殖を引き起こす．このようにして流入した栄養塩類が蓄積し累進的に水質が悪化し，魚類の斃死（へいし）や水道水の異臭など利水上の障害が生じるようになってきた．

湖沼や内湾などの閉鎖性水域に窒素やリンなどの栄養塩類が豊富になり，これをもとにして植物プランクトンや藻類が繁殖し，動植物プランクトンや魚介類が豊かになる現象を富栄養化という．水域の生産性向上という観点では好ましい現象である．しかし，栄養塩類の流入量が過剰になると，水質や底質は悪化し，生物相が単調となって悪質なアオコ（水の華）や赤潮が発生するようになる．さらに進行すると，細菌類と原生動物だけが活動する腐水状態になり，悪臭を発生するようになる．生活廃水や産業廃水が流入し，水が停滞しやすい水域では栄養塩類が過剰になりやすい．

(5) 生物濃縮

生物はすべて，生息する環境に存在する物質を，必要の有無にかかわらず取り入れる．水中の魚類は餌として捕食した物に含まれている種々の不要物質を取り込むほか，えら，うろこなどの体表からも水中の物質を取り込む．水生植物も，

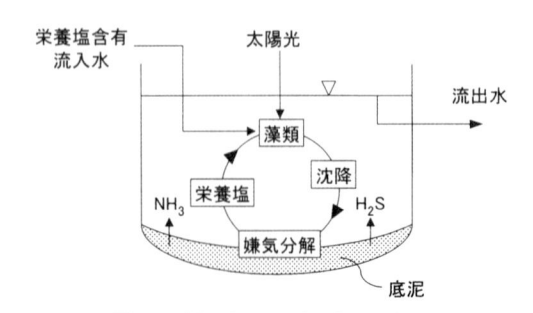

図 2.4 閉鎖系水域の富栄養化の機構

根, 茎, 葉から種々の物質を取り入れる. しかも, 吸収と排泄の速度によって蓄積量が決まるが, 一般に環境水中の濃度より, 生物体内の濃度が高いことが多い. ここで, 生物体内の物質の濃度とその生物の生息する環境水中のその物質の濃度との比を濃縮比または濃縮係数という.

　環境から生物へ, 被食生物から捕食生物へという流れの中で, 有害物質はしだいに体内での存在比が大きくなる. まず水中の栄養源から生産者である植物プランクトン, 藻類, 水生植物が繁殖する. これを消費者である動物プランクトン, 草食動物が捕食し, この動物を高次の消費者である肉食動物が捕食する. この関係を食物連鎖という. ヒトは, この食物連鎖の過程で常に最高次に位置づけられる. 特に, 自然界からの食物である魚介類は, 濃縮比において最も高いものである. したがって, 有害物質の環境中での濃度が微量でも, ダイオキシンに代表される塩素系有機化合物などのように難分解性で生物による濃縮係数の高い物質は食物連鎖の過程で累進的に濃縮され, 高次に位置する動物やヒトに重大な障害をもたらすこととなる.

b. 水処理技術

　水処理には, 水利用のための用水処理と利用された後の廃水処理がある. ここでは, 廃水を中心に汚濁物質を除去するための処理技術を述べる.

　汚濁物質の処理技術は多岐にわたり, (1)生活系か産業系か, (2)汚濁物質は有機性か無機性か, 懸濁性か溶解性か, 化学分解性か生物分解性か, (3)汚濁物質の濃度, 排水量, 排出基準などにより適用される技術も異なり, 通常いくつもの要素技術の組み合わせにより処理工程が構成される. 水処理の要素技術は, 表2.3に示すようにさまざまな原理に基づいており, これらは物理法, 物理化学法, 化学法, 生物法に分類される. 発生する廃水の水質に応じた最も適切な方法を選択して組み合わせ, 効果的で経済的な処理工程が採用される.

1) 懸濁性物質の除去

　水処理では有機・無機を問わず, 汚濁物質を水に不溶性の固形物の形に変えて水と分離するのが原則である. たとえば, 重金属イオンの除去ではpH調整による水酸化物沈殿または陰イオン添加による不溶性塩を析出させ, 固液分離する.

　水中の汚濁物質は密度差を利用して沈降または浮上させて除去する. また, ろ材を充塡した層内に水を通してこの層内に懸濁物質を捕捉させたり, あるいは微

表 2.3 水処理の原理と要素技術

種別	原理	要素技術
物理法	粒子径	ろ過,膜分離
	密度	沈降,浮上
	熱	乾燥,蒸発乾固,冷凍乾燥
	磁気	磁気分離
物理化学法	表面電荷	凝集
	吸着	固定
	イオン交換	固定
	電気分解	酸化還元
	浸透圧	透析
化学法	中和	中和
	酸化	酸化分解
	還元	還元析出,乾留
	溶解度	沈降,溶媒抽出
生物法	好気性微生物	活性汚泥,散水ろ床
	嫌気性微生物	嫌気性消化
	植物	植物栽培

細な孔を通して懸濁粒子の通過を阻止して取り除くといったろ過がある.ろ過の中には,コロイド粒子から分子・イオンまでも除去する膜分離がある.さらに,水を蒸発して溶解物質や懸濁物質を乾固して取り出す方法もある.

(1) 沈降分離

水よりも密度が大きな物質を,水との密度差を利用して沈降させる方法である.水を一定の場所に長時間滞留させるか,非常にゆっくりと流して浮遊物質を沈殿させる.沈降分離は普通沈殿と後で述べる凝集分離とに分けられる.普通沈殿は凝集沈殿操作を施さずにそのまま沈降分離させるもので,自然沈降とも呼ばれる.

普通沈殿における固形物の分離効率は,固形物の沈降速度分布と装置の表面負荷によって決まる.上昇流式沈殿池では,沈降速度が水の上昇速度より大きい粒子はすべて沈降分離され,水の上昇速度より小さい粒子はすべて流出する.懸濁物質の沈降速度分布を求めて,沈殿池の設計を行う.

(2) 凝集分離

水中の浮遊物質の粒径が小さく,前述の自然沈殿では処理に長時間を要し,処

理効率が悪い場合に行われる．一般に水中に浮遊している微粒子の表面は帯電している．これに反対電荷を持つ薬品を添加して，目的粒子の電荷を中和すると，粒子間の引力が表面荷重による反発力を上回るようになり微粒子どうしが凝集して大きな塊（フロック）へと成長していく．このような目的に用いられる薬品を凝集剤と呼ぶ．

凝集剤としては安価で無害である鉄またはアルミニウムの無機塩類が用いられることが多い．高分子凝集剤は少量の添加量で凝集効果があり，しかも大きなフロックができる特徴がある．高分子凝集剤は，陽イオン性，陰イオン性および非イオン性に分類され，さらにその分子量や分岐によって多くの種類があり，懸濁物質の種類により選択する．

(3) 浮上分離

水中の懸濁物質の密度が水より小さければ，水面に浮くことになるので，浮上させて分離することが可能である．対象物質としては，油類がその代表的なものである．

また，密度が水よりも大きい懸濁物質であっても，空気の泡を懸濁物質に付着させれば，すみやかに浮上する．水中に微細な空気を発生させるには，空気をいったん加圧して水に溶解してから大気圧に解放して微細な気泡を発生させる加圧浮上法のほかに，水の電気分解による水素や酸素の微細気泡を利用する方法もある．浮上分離においては，コロイド状の懸濁粒子は分離できないので，あらかじめ凝集処理をしておく必要がある．

(4) 清澄ろ過

重力式分離（沈降，浮上）で除去できなかった微量の懸濁物質をろ過して取り除き，さらに清澄な水を得るのが清澄ろ過である．ろ材としては一般に砂が用いられるので，砂ろ過とも呼ばれる．砂ろ過では懸濁粒子はろ材間の空隙に捕捉される．ろ過を続けているうちに，ろ過抵抗が上昇し，ろ過水の濁度も上昇してくる．ろ過抵抗またはろ過水濁度のいずれかが設定値に達したら，ろ過を中断してろ材を充填した層（ろ層）を洗浄する．この洗浄をろ層の再生という．原水中の懸濁物質の濃度が高いと短時間でろ層が閉塞するので，一般には重力式分離の後に砂ろ過を行う．

(5) 膜分離

図2.5に示すようにきわめて微細な穴を持つ膜を通して水をろ過し，細菌のよ

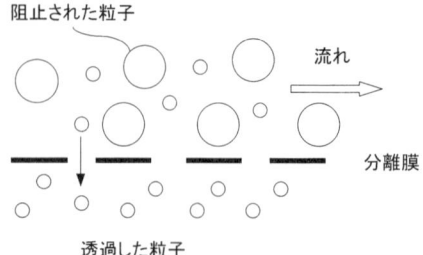

図 2.5 分離膜による微細粒子の分離機構

うなコロイド次元の大きさの懸濁固形物から溶解性物質やイオン物質に至る不純物を除去する技術を膜分離法という．使用する穴の大きさによって，精密ろ過（MF），限外ろ過（UF），ナノろ過（NF），逆浸透（RO）などがある．これらはろ過の駆動力として圧力差を用いている．そのほか，直流電圧を駆動力とし，イオン交換膜（アニオン膜，カチオン膜）を用いる電気透析法がある．

精密ろ過は $0.025 \sim 10\,\mu m$ の懸濁粒子や細菌などの除去に，限外ろ過は多糖類やタンパク質のような水溶性の高分子物質（分子量 $1000 \sim 300000$）の除去に用いられているが，最近ではそれらの中間領域の膜がさかんに開発されており，厳密に区別することが困難となっている．膜の材質としては有機および無機のものが用いられている．膜の細孔径を表すのに，精密ろ過の場合には粒子サイズ既知のラテックスを用いて分画試験を行い，一定の阻止率を与える粒子サイズをもって代表孔径としている．限外ろ過膜の場合はポリエチレングリコールのような分子量既知の物質をトレーサーとして用い，一定の阻止率を与える分子量をその膜の分画分子量とする．

ナノろ過は，限外ろ過と逆浸透の中間に位置するものであり，逆浸透に比べて小さい駆動力で低分子の物質を除去することができる．

水は透過するが，溶質はほとんど透過しない性質を持った膜を逆浸透（半透）膜という．この膜を介して水と水溶液を置くと，水だけが水溶液側に移動し，ある高さで平衡に達する．このときの水位差を浸透圧といい，溶液の濃度が高いほど高くなる．このとき水溶液側に浸透圧以上の圧力をかけると，水溶液側の水だけが半透膜を透過して水側に移動する．このようにして，無機塩類や低分子有機物の水溶液から水だけを取り出すことが可能となる．これが逆浸透膜の原理である．

膜を要素技術として装置化したものを膜モジュールという．現在実用化されている膜モジュールには平膜型，スパイラル型，チューブラー型，中空糸型などがある．平膜型は膜を装着した透水性の多孔板の両面にスペーサーを介して多数重ね合わせたもの，スパイラル型は多孔性支持材を内蔵した封筒状の膜をのり巻き状に巻き込んだもの，チューブラー型は多孔性の耐圧支持管の外側または内側に膜を装着したもの，中空糸は外径 $1300\,\mu m$ 内径 $700\,\mu m$ くらいのマカロニ状の細長い中空の膜を多数束ねたものである．

(6) 蒸発乾固

濃厚溶液の場合には，水分を蒸発させて懸濁性および溶解性の両成分を乾固させる方法が用いられる．水分の蒸発には加熱法と冷凍法がある．水分の蒸発には多大なエネルギーを必要とするが，汚濁物質が濃厚（重量濃度が数～数十％）な場合や有効な処理方法のない汚濁物質の処理に有効である．

2) 溶解性物質の除去

水中に溶解した物質を化学反応により無害な物質へ変換したり，不溶性塩の沈殿を生成させて分離したり，固体へ吸着したりして汚濁物質を除く方法である．また，溶解性有機物は微生物に摂取させ，増殖した菌体を固液分離して取り除く．

(1) 中 和

多くの水生動物，農作物に対して望ましい pH は 5.8～8.6 であるとされる．pH の調整は単に放流水だけを対象とするものではなく，生物学的処理や凝集沈殿などの処理を効果的に行う前処理としても重要である．

中和剤の選定においては，反応速度，中和曲線，反応生成物の沈降・脱水性などを検討して，最も経済的なものを選ぶ．アルカリ剤としては，水酸化ナトリウム，炭酸ナトリウム，生石灰 CaO，消石灰 $Ca(OH)_2$，水酸化マグネシウムなどが，酸として硫酸，塩酸などが用いられる．酸-アルカリの中和反応において，不溶性塩を生成しない中和剤を選ぶ場合と積極的に不溶性塩を生成させる場合がある．ナトリウム化合物は不溶性塩の形成がないが，硫酸イオンや炭酸イオンを多量に含む酸性廃水に対して生石灰や消石灰を用いると硫酸カルシウムの沈殿が生成する．

(2) 酸 化

水質汚濁の指標として COD や BOD が用いられるように，汚濁物質の酸化は

水処理分野において重要な処理プロセスである．

　塩素や次亜塩素酸ナトリウムは他の酸化剤と比べて安価であり，強力な殺菌作用を持ち処理水の消毒，また，水中の有機物や硫化水素，シアンなどの酸化分解などに用いられ，水処理においては不可欠の酸化剤である．

　オゾンは塩素より強い酸化力を有し，次のような利点がある．オゾンの発生量は電力により調整できる．水中では短時間で分解消滅する．塩素のように有機物と反応して有機塩素化合物を生じるおそれがない．

　そのほか，硫酸酸性で第一鉄塩と過酸化水素を用いるフェントン法，オゾンと紫外線の併用など複数の要素を組み合わせ，酸化力を促進する方法がある．

　化学酸化は難生分解性有機物，たとえば，芳香族化合物や第4級アミンなどを生分解性物質へ改質する処理法としても用いられる．図2.6に電解塩素を触媒とする有機物の有機酸への改質例を示す．

(3)　不溶性塩

　たとえば，カドミウムイオンに対して，硫化物イオンを添加すると硫化カドミウムの沈殿が生成する．また，重金属イオンを中和すると水酸化物の沈殿が生成する．溶解度の低い不溶性塩を形成するようなイオンを添加したり，pHを調整することにより不溶性塩の沈殿を形成させ，水中から汚濁物質を除くことができる．

　また，微量の重金属イオンを含む廃水に，鉄（III）塩を添加して中和して水酸化鉄（III）とともに沈殿させる共沈法もある．

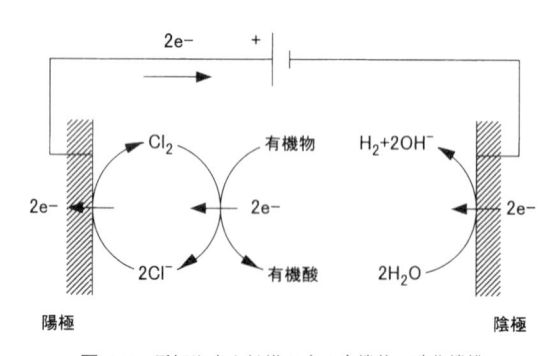

図 2.6　電解塩素を触媒とする有機物の酸化機構

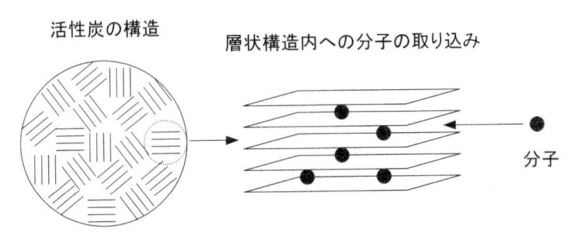

図 2.7 活性炭による分子の吸着機構

(4) 吸 着

生物学的あるいは物理・化学的な方法でも分離できないような微量の有機化合物を除去するために吸着法が用いられる．吸着剤として活性炭が最も広く用いられている．活性炭の内部には 10^{-7}〜10^{-3} cm の細孔が無数に存在し，その比表面積は 500〜1500 m²/g ときわめて大きい．図 2.7 に活性炭の構造とその層状構造内への分子の取り込みの様子を示す．活性炭への吸着されやすさは次のようになる．脂肪族化合物より芳香族化合物の方が吸着されやすい．疎水性であるほど吸着されやすく，脂肪族のアルキル基が長いほど疎水性となり，吸着性を増す．溶液の表面張力を減少させる物質を界面活性であるといい，界面活性が強い物質ほど，吸着されやすい．弱電解質の有機物は，イオン化しているものより非解離の分子状態での吸着力が大きい．極性が大きい分子は吸着力が弱い．分子量が大きくなるほど吸着性が増すが，細孔内の拡散速度が遅くなり，分子量が 1500 を超えると著しく遅くなるといわれている．

吸着装置としては，反応槽内の被処理水に粒子状の活性炭を添加し機械的に水と活性炭を混合し吸着終了後に活性炭を沈降分離する方式や，塊状の活性炭充塡槽に廃水を通水して有機物を吸着させる方式などがある．

(5) イオン交換

図 2.8 に示すように，固液 2 相間においてイオンが互いに入れ換わる反応をイオン交換反応という．このイオン交換をする母体をイオン交換体と呼び，最近では，有機合成によって作られたイオン交換樹脂が用いられている．イオン交換樹脂は，廃水からの有価物の回収，微量の重金属イオンの除去などに用いられている．イオン交換樹脂は高価であるから，再生して繰り返し利用される．再生には強酸，強アルカリあるいは食塩などの濃厚溶液が使用され，したがって濃厚な再生液の処理が必要である．

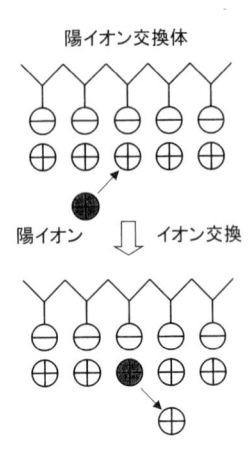

図 2.8 イオン交換によるイオンの分離機構

3) 生物処理

　生物処理は微生物の種類およびその培養法により表 2.4 に示すように分類される．有機物の分解やその増殖に酸素を必要とする微生物を用いる好気性生物処理と，酸素を必要としない微生物を用いる嫌気性生物処理に分けられる．また，適用する微生物を生物反応槽内の水中に懸濁状態で維持する浮遊型処理法と微生物を媒体に付着させて維持する付着型処理法に分けられる．付着型は生物膜法とも呼ばれる．

　好気性生物処理には浮遊型として代表的なものに活性汚泥法，付着型として散水ろ床法，回転円板法，接触曝気法などがある．

　生物処理では，汚濁物質を微生物に摂取させて無害な物質に代謝分解するが，その際に微生物が増殖するため，この増殖した微生物（生物汚泥）の処分が必要

表 2.4 生物学的廃水処理法

微生物種	培養条件	培養形式	具体例
好気性微生物	空気または酸素の存在下で，好気性微生物により，主として有機物質を酸化分解する	浮遊増殖型	標準活性汚泥法，長時間曝気法，オキシデーションディッチ法など
		付着増殖型	散水ろ床法，回転円板法，接触曝気法など
嫌気性微生物	空気を遮断した酸素の存在しない状態で，嫌気性または通性嫌気性微生物により，主として有機物を還元分解する	浮遊増殖型	標準単一槽法，二槽法，上昇流嫌気性汚泥ブランケット（UASB）法など
		付着増殖型	嫌気性ろ床法，嫌気性流動床法など

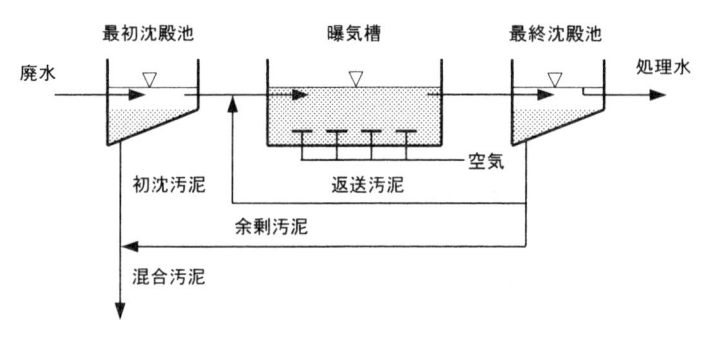

2.1 水環境の保全と水処理技術   57

図 2.9 活性汚泥法による廃水処理のフロー

になる．
(1) 活性汚泥法

下水や産業廃水の処理に広く用いられている活性汚泥法の装置を図2.9に示す．土砂や紙などの異物を除いた廃水は最初沈殿池に送られ，固形物質，油分などが除去されて，生物反応槽（曝気槽）に導かれ曝気撹拌下で微生物フロック（活性汚泥）と接触する（滞留時間4～24時間）．ここで廃水中の有機物は活性汚泥により吸着・摂取・分解される．活性汚泥混合液は，次の最終沈殿池で重力沈降（沈降時間2～3時間）により活性汚泥と処理水とに分離され，処理水は塩素殺菌されて放流される．この活性汚泥処理では廃水中のBODは95%以上が除去される．

一方，活性汚泥の一部は返送汚泥として曝気槽に戻され，残りは余剰汚泥として，最初沈殿池で除去された固形物質（初沈汚泥）とともに系外に排出されて別途に処理・処分される．活性汚泥法を用いた下水処理場では，処理水量の1～3%の混合汚泥が発生している．通常，この混合汚泥は濃縮，消化（嫌気性生物処理により，有機物の一部をメタンや二酸化炭素へ変換して除去する），洗浄，脱水，乾燥の後，焼却され，最後に残った灰分は埋め立て処分される．また，混合汚泥の一部は肥料として，焼却灰分は建設資材の原料として有効利用されている．

(2) 生物膜法

活性汚泥法では処理にかかわる微生物を水とともに流動させるのに対し，微生物を支持体（あるいは接触材）である個体表面に膜状あるいは塊状に固定して処理を行う方法があり，これを生物膜法という．微生物の支持体は，材質，形状，

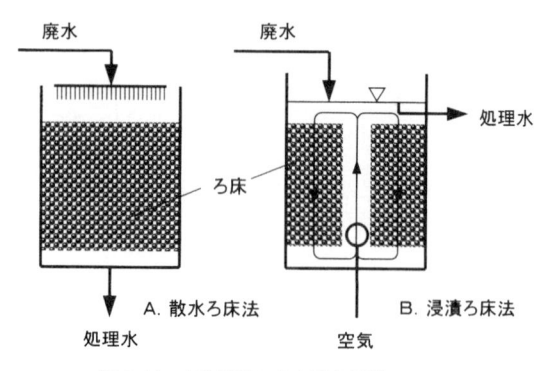

図 2.10 生物膜法による廃水処理のフロー

構造もさまざまなものが用いられ,この支持体を装置内に充填した部分をろ床という.代表的な生物膜法として散水ろ床法,浸漬ろ床法(または接触曝気法),回転円板法がある.散水ろ床法および浸漬ろ床法の装置を図2.10に示す.

生物膜法の特徴は生物相の多様性にあり,昆虫のような小動物から原生動物,さらに細菌も好気性,嫌気性と,処理装置ごとに1つの生態系が成立している.活性汚泥法では微生物が余剰汚泥として抜き取られるので,装置内である滞留時間を持つのに対して,生物膜は装置内に長時間とどまって保持される部分があり,アンモニアの酸化(硝化)が容易に進行する.また,食物連鎖も加わり,活性汚泥法より余剰汚泥量が少ない.阻害物質に対する抵抗力も強く,運転が簡単であることが特徴である.

(3) 嫌気性生物処理

嫌気性生物処理は嫌気性消化法とも呼ばれ,固形状や溶解性の有機物を嫌気性細菌の作用によりメタンや二酸化炭素に還元分解するもので,メタン発酵法によって代表される.図2.11に嫌気性消化法の一例を示す.嫌気性消化槽内の反応は図2.12に示すように3段階で行われる.第1段階では炭水化物,タンパク質,脂質などが加水分解酵素により単糖類,アミノ酸,脂肪酸などの低分子物質に変換される過程である.第2段階でこれらの低分子物質が有機酸へ変換され,第3段階(メタン発酵)では有機酸がメタンと二酸化炭素へ変換される.

嫌気性生物処理の最も大きな特徴は,曝気を必要とする好気性生物処理に比べて所要電力が少ないことと同時に,回収したメタンガスが燃料や電気などのエネルギー源として利用できることである.

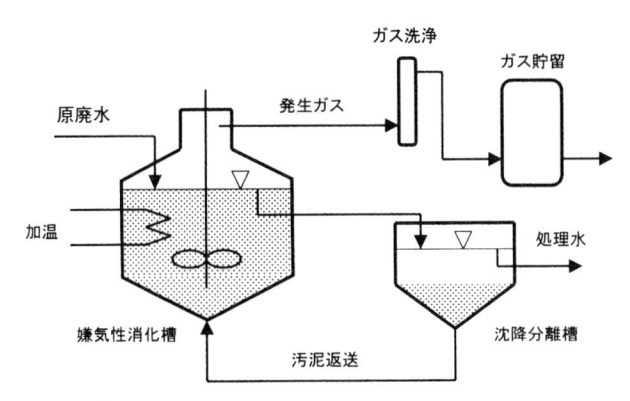

図 2.11 嫌気性消化法による廃水処理のフローの例[4]

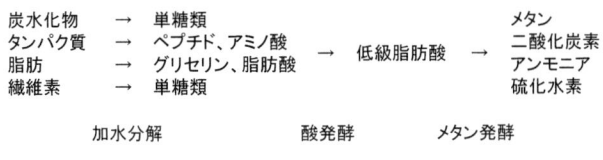

```
炭水化物    →  単糖類                              メタン
タンパク質   →  ペプチド、アミノ酸  →  低級脂肪酸  →  二酸化炭素
脂肪       →  グリセリン、脂肪酸                    アンモニア
繊維素     →  単糖類                              硫化水素

         加水分解        酸発酵        メタン発酵
```

図 2.12 嫌気性消化法における有機物の分解過程[4]

近年,原水滞留時間と汚泥(微生物)滞留時間を独立して制御することにより,反応槽内に高濃度の微生物を固定・保持して処理効率を高める方式が嫌気性処理の分野でも試みられている.生物の固定化技術,汚泥の自己造粒化技術などが開発され,溶解性の易生分解性有機性廃水の処理を中心に,従来の嫌気法に比べて数倍から数十倍の処理能力を持つ嫌気性処理法が開発されている.適用範囲も従来の中・高濃度廃水中心から,低濃度廃水や化学系廃水へも徐々に拡大されつつある.BOD 濃度が $1000\ \mathrm{mg}/l$ 以上の場合,嫌気性生物処理が経済的に有利になるといわれていたが,今後,BOD 低濃度の廃水処理への応用が期待される.

(4) 生物学的窒素・リン除去

窒素は硝化-脱窒法と呼ばれる生物法により除去される.まず,アンモニアは好気性微生物(硝化菌)によって硝酸イオンに酸化される.次に,硝酸イオンは通性嫌気性菌(脱窒菌)により有機炭素をエネルギー源として窒素分子に還元される.

活性汚泥を好気および嫌気の条件下に交互に置くことにより,リンを除去する

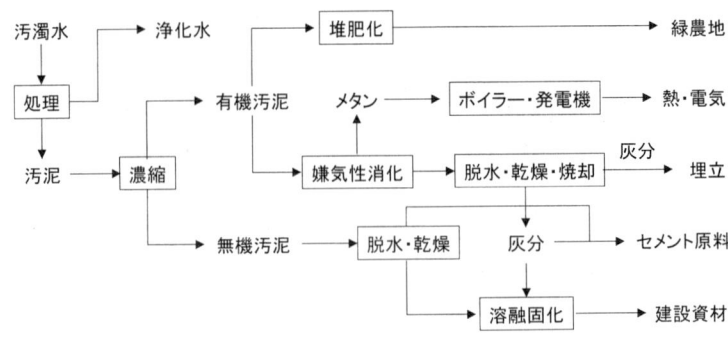

図 2.13 汚泥処理と有効利用

ことができる．好気状態ではリンは細胞内に取り込まれ，逆に嫌気状態では細胞中のリンは溶解性リンとして溶出される．リンを過剰に含む汚泥を引き抜くか，または溶出したリンを不溶性塩として分離することにより，廃水中からリンを除去することができる．

4) 汚泥処理と有効利用

廃水処理においては，汚濁物質の除去に伴いその副産物が生じ，この副産物を汚泥といい，産業廃棄物の中で最大の割合を占めている．この汚泥の大部分は濃縮，脱水，焼却などにより減容化され，最後に残った灰分は埋め立て処分されている．今日，この汚泥からエネルギーの回収，堆肥，セメント原料，建設資材などへの有効利用が図られている．図2.13に汚泥処理と有効利用の概略を示す．

5) 廃水処理の計画

廃水処理を計画する場合の大まかな手順を図2.14に示す．まず，廃水中の固形分（懸濁性物質）を分離除去する．固形分が粗大粒子である場合には，沈降分離あるいは浮上分離を採用する．溶解性物質については特殊な物質に対しては膜分離を適用するが，通常，生分解性であるかどうかにより，処理法が異なる．生分解性物質の場合には，汚濁物質の濃度が高い廃水（BODおよそ $1000\,\mathrm{mg}/l$ 以上）には嫌気性生物法が採用され，濃度が低い廃水には好気性生物法が採用される．嫌気性生物法では目標の水質が達成されないことが多く，後段に好気性生物法を採用することが多い．汚濁物質が，難生分解性の場合には，酸化，吸着，不溶性塩などの物理化学あるいは化学法により除去する．また，有機化合物の場合には高温高圧水やオゾンなどにより易生分解性中間体へ改質して生物処理する方

科学方法論序説
―自然への問いかけ働きかけ―

高田誠二著
A5判 216頁 本体2600円

自然への問いかけ働きかけの方法を，文学的観照，形態の観察，時間の把握，数学的表現，計測と単位といった諸段階に分けてたどりながら，実験科学の方法と精神を浮き彫りにする。俳句からフラクタルまでユニークなエピソードに満ちている

ISBN4-254-10069-8 注文数　冊

自然科学概論

小野　周著
A5判 224頁 本体3200円

物理学界の重鎮だった著者が，初めて書き下ろした概論テキストの決定版。数式をいっさいもちいることなく，"自然科学とはどういう学問か"を科学の発展に則して詳述する。〔内容〕古代の科学と技術／科学の発展／20世紀の科学／他

ISBN4-254-10071-X 注文数　冊

理論の創造と創造の理論

唐木田健一著
A5判 144頁 本体2200円

新しい理論はどうしたら生まれるのか？　科学上の発見から，サルトル・ポラニーそしてイエス・ベートーベンへと検証を進める出色の考察。〔内容〕理論の創造／矛盾／投企と創発／認識論的切断／「福音」／「第9」の第4楽章／創造の理論

ISBN4-254-10136-8 注文数　冊

言語・科学・人間
―実在論をめぐって―

藤田晋吾・丹治信春編
A5判 240頁 本体3300円

現代科学哲学における重要なテーマ"実在論と反実在論"をめぐる俊英9名の熱き論集。〔内容〕言語の問題（藤田晋吾・服部裕幸・飯田隆）／科学の問題（渡辺博・丹治信春・野家啓一・柴田正良）／人間の問題（土屋純一・村田純一）

ISBN4-254-10087-6 注文数　冊

＊本体価格は消費税別です（2000年7月31日現在）

▶お申込みはお近くの書店へ◀

朝倉書店

162-8707 東京都新宿区新小川町6-29
営業部　直通(03) 3260-7631 FAX (03) 3260-0180
http://www.asakura.co.jp eigyo@asakura.co.jp

科学の文化史

平田　寛著
A5判　248頁　本体3500円

単なる科学技術の発明・発見史でなく，ダイナミックな科学の深さを示す。〔内容〕パピルスと石の文化／科学精神の誕生／イスラム圏の科学の役割／近代科学へむかって／啓蒙思想の浸透／20世紀の科学へむかって／放射能・量子論・相対性理論

ISBN4-254-10066-3　注文数　　冊

日本の近代科学史

杉山滋郎著
A5判　228頁　本体3000円

意外と知らない日本の科学の歴史（明治維新以降）について，エピソードを織りまぜながら平易に解説。〔内容〕教育・研究制度の変遷／開国時の彼我の差／科学研究の内容（2大戦を境に）／戦争と科学／科学と生活／医学・医療／女性と科学

ISBN4-254-10130-9　注文数　　冊

物理学の誕生
―エネルギー，力，物質の概念の発達史―

P.M.ハーマン著　杉山滋郎訳
A5判　192頁　本体2300円

19世紀における概念上の革新を平易に解説した好著。〔内容〕19世紀物理学の概念構造／物理理論の道具立て／エネルギー物理学と力学的説明／物質と力：エーテルと場の理論／物質理論：分子論的物理学にまつわる諸問題／力学的世界像の衰退

ISBN4-254-13055-4　注文数　　冊

梅毒からエイズへ
―売春と性病の日本近代史―

山本俊一著
A5判　180頁　本体2700円

突如として出現し蔓延する病気――性病。日本近代の性病とその予防，売春取締の歴史をたどり，エイズの時代の道を探る。〔内容〕梅毒の出現／江戸時代の売春対策／遊女解放令期／公娼制度の発展期・確立期・衰退期・廃止後／エイズの出現

ISBN4-254-10132-5　注文数　　冊

フリガナ	TEL
お名前	(　　　)　―
ご住所（〒　　　　）	勤務先　自　宅（○で囲む）

帖合・書店印	ご指定の書店名
	ご住所（〒　　　　）
	TEL　(　　　)　―

00-025

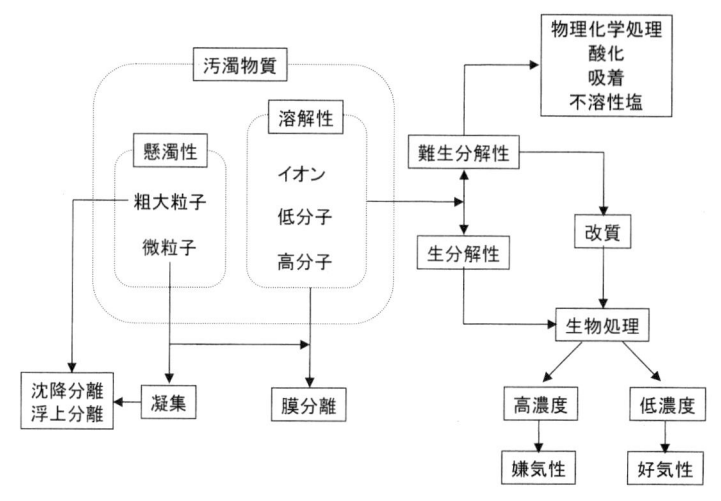

図 2.14 廃水中の汚濁物質の処理手順

法もある．一般に，処理コストは固液分離，生物処理，物理化学処理の順に高くなるので，この順に従って処理計画を立てるのが一般的な手順である．

c．環境水の直接浄化技術

　河川，湖沼，地下水，海域などの水域の水，すなわち環境水の浄化技術は，人間の生活や経済活動により汚濁が進行した環境水に直接人工的に手を加えて，自然の状態に回復・維持する技術である．環境水の直接浄化は，水域の類型と汚濁の状況により種々の手法が考えられるが，処理コストおよび浄化目標を十分満足する技術は現在のところ確立されていない．水道水源や各種産業用水としてのみならず，快適な水辺の確保および自然環境の保全のうえで，重要な技術である．環境水の直接浄化においては，その水量が膨大で汚濁物質濃度は低く，生活および産業廃水に適用される浄化技術の導入のみでは解決できないことが多い．

　各水域によって適用される浄化技術はそれぞれ異なる．環境水浄化に用いられる主な要素技術を図 2.15 に示し，水域別に適用される主な浄化技術を図 2.16 に示す．

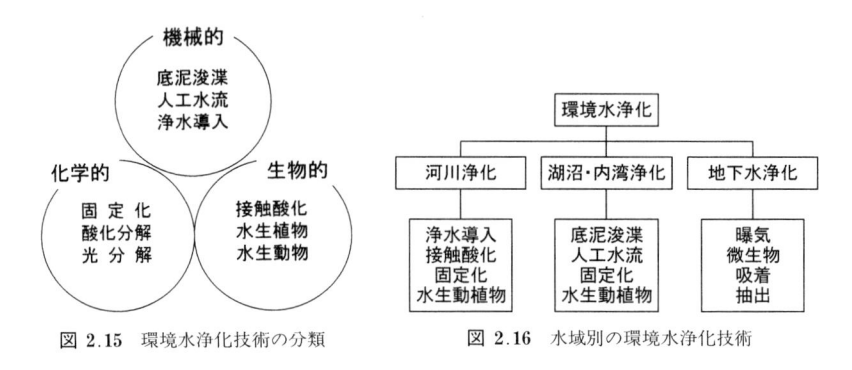

図 2.15 環境水浄化技術の分類　　図 2.16 水域別の環境水浄化技術

1) 機械的手法

(1) 浚　渫

汚濁物質を多く含んだ湖沼や河川などの底泥を取り除き，底泥内に蓄積した有機物や栄養塩類を除去する．効率的な底泥の汲み上げ，底泥の巻き上げ防止，底泥の処理・処分が必要である．

(2) 人工水流

曝気，ポンプ，機械攪拌などにより湖沼・ダムなどに人工的な水流をつくり，酸素を補給して好気性微生物の活性化による汚濁物質の摂取・分解および嫌気性生物分解による汚濁物質の底泥からの溶出防止，藻類繁茂の防止を行う．水深の浅い水域では，水の攪拌が藻類の増殖を促進することがあるので，水流法の適用にあたっては注意を要する．

(3) 浄水導入法

汚濁の進んだ市街地の中小河川・水路に大河川から浄水を導入し，汚濁物質を希釈する方法である．

2) 化学的手法

(1) 固定化法

固形・液状の薬剤により水中に溶解あるいは底質中の汚濁物質を吸着あるいは不溶化することで，活性炭や石灰が広く使用されているが，有効期間やpH上昇などの問題がある．カルシウム化合物は硫酸イオンや炭酸イオンと反応して不溶性の皮膜を形成して使用期間が短いが，マグネシウム化合物はこれらのイオンと反応せず，またpH上昇も最大10程度で，生物に与える影響が少ない．

(2) 酸化分解法

塩素，オゾン，電気分解などの方法があるが処理コストが高くなる．また，安全性にも疑問がある．最近問題となっている塩素化合物系有機溶剤による汚染地下水の浄化法に有効な酸化分解法が望まれる．

3) 生物的手法

(1) 接触酸化法

接触材（支持体）に微生物群を付着・増殖させ，これに汚濁水を接触させることにより，汚濁物質を摂取・代謝分解させる方法で，接触材には種々の材質・形状のものが開発されている．環境水では接触材が土砂などで埋もれない施工法の開発や，環境水域では浄水効率のみでなく，景観に配慮した構造が重要である．接触酸化法の欠点は，微生物増殖により接触材に付着した生物膜が過大になると，その浄化機能が低下することである．この増殖した生物膜（汚泥）をはく離・除去するシステムと汚泥の処理・処分が必要となる．

(2) 水生生物法

水生植物の栽培により窒素やリンなどの栄養塩類の摂取や根・茎・葉に付着した微生物群による浄化作用を利用したものである．成長した植物の刈り取りが必要である．水生動物法は魚類を放流・飼育して，生息する微生物を捕食して食物連鎖を促進するとともに，掘り返しなどによる底質改善を行い，さらに鑑賞や釣りなどの水辺作りを行う．

d. 水のリサイクル

近年，下水処理場や農業集落排水処理施設で発生する処理水や産業廃水の再生利用が試みられており，水資源の有効利用および水資源・水環境の保全などの観点から，経済性などを配慮しつつ，これらの再生水の活用についての検討が進められている．

下水処理水の発生量についてみると，1997年度には全国で1293の下水道終末処理場から年間約124億 m^3 の下水処理水が発生している．また，農業集落排水については年間約1億 m^3 の処理水が発生していると推定される．

再生利用の方式は，河川など自然の循環系とかかわりを持つことなく，直接再生利用する閉鎖系循環式と，処理水が河川に流入し河川水と組み合わされて利用される開放系循環式に区分される．

閉鎖系循環式としては，下水道では過半数の下水処理場において，処理工程における消泡水，洗浄水として下水処理水の場内再利用が行われるとともに，処理水を処理場外に送水して，雑用水，環境用水など各種の用途に再利用する事例も増えている．下水処理水の処理場外再利用は1997年度において191の処理場で行われており，その水量は年間約1.3億 m^3 となっている．また，農業集落排水処理施設についても多くの地区で直接農業用水などに利用されている．

開放系循環式のうち特に下水処理場の上流へ送水する形で下水処理水を再利用する事業は，現在2個所が完成し，1個所で計画が進められている．

一方，産業廃水についても，工場内の回収利用とは別にこれを処理，再生し，新たな工業用水などの用途に利用するための技術開発が進められている．

現在，下水処理水を雑用水利用するための処理施設・送水施設の整備，下水処理水を活用した水辺空間の整備，下水処理水を融雪水として利用するための施設整備，下水処理水の取水口および緊急的な処理水送水施設の整備など，水のリサイクルが精力的に進められている．

引用文献

1) 多賀光彦，那須淑子：地球の化学と環境，三共出版，p.94，1994.
2) 国土庁長官官房水資源部編：平成12年版水資源白書―日本の水資源，p.82，92.
3) 通商産業省環境立地局監修：公害防止の技術と法規，水質編，(社) 産業環境管理協会，p.16，2000.
4) 用水廃水便覧編集委員会：用水廃水便覧，丸善，p.423，430，1973.

2.2 環境調和のための電気電子工学

a. 高電圧・高電界応用技術

エコロジー工学の中で，高電圧・高電界応用技術は，電気集塵による排ガス中のダストの除去などで環境浄化に大きな役割を果たしており，放電プラズマを利用するガス浄化や殺菌など，われわれの健康を守るための技術として重要である．また有用資源の回収や選別など，リサイクルにも大きな役割を果たすと期待できる[1]．

1) プラズマ

プラズマとは,ほぼ同数の正と負の電荷が混在,それぞれ自由に運動している状態である[2].運動する粒子は粒子どうし,あるいは器壁と衝突を繰り返し,粒子のエネルギーと粒子の状態,構成が変化する.代表的なプラズマはグロー放電あるいはアーク放電などである.グロー放電中では電子密度が 10^{16} m^{-3} 程度であり,中性分子の密度よりはるかに小さい.このため,電子のエネルギーは数 eV 程度であってもプラズマ全体の温度は室温程度である.グロー放電プラズマ中の電離は主として加速された電子の衝突により起こり,他のイオンや中性粒子とエネルギーが大きく異なる.このようなプラズマを非平衡プラズマ,あるいは低温弱電離プラズマなどという.一方アーク放電では電子密度が高くなり,中性粒子の温度も電子温度と同程度となり,熱平衡状態となる.このようなプラズマを高温熱プラズマなどという.非平衡放電プラズマの一種であるコロナ放電は微粒子の荷電などに用いられている.また,後述するガス浄化にも非平衡プラズマの化学反応が用いられる.

通常ガス中の粒子はマクスウェル-ボルツマン分布に従う速度の分布を持っている.平均して衝突から次の衝突までに移動する距離を平均自由行程という.外部から電界が加わっているとき,荷電粒子は自由行程の間は無衝突で動くので,この間に電界からエネルギーを得る.したがって,平均して電界と平均自由行程の積なるエネルギーを電界から得る.プラズマ中では粒子どうしの非弾性衝突により,電離,励起,解離,付着,電荷交換,エネルギー移動などが起こる.電界で加速された高エネルギーの電子などの非弾性衝突で生成されるプラズマは,拡散や再結合などにより,消滅する.拡散はプラズマ中の粒子が密度の高い部分から低い部分に向かって流れる現象である.再結合は非弾性衝突の一種で,粒子間のエネルギー移動を伴う.特に,再結合時に解離を伴う解離再結合はラジカル生成に重要な役割を果たす.

2) 粒子の荷電

コロナ放電などにより作られる単極性イオン場でのイオンの輸送機構には,クーロン力による電気力線に沿った輸送,熱拡散運動によるランダムな輸送,の2つがある.前者によりイオンが粒子に付着して荷電が行われる場合を電界荷電(field charging),後者による場合を拡散荷電(diffusion charging)と呼んでいる[1].図 2.17 は電界中の球形導体粒の周囲の電気力線の様子であり,電界荷電

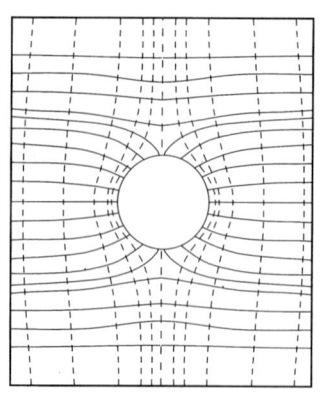

図 2.17 導体球の周囲の電気力線の様子

ではイオンは電気力線に沿って粒子に付着して荷電を行うが，帯電量の増加に従って粒子に入る電気力線が少なくなり，ついにはゼロとなって飽和値に達する．拡散荷電ではイオンは熱運動で帯電粒子のクーロン反発力に逆らって付着することで荷電を行う．球形粒子の場合，電界荷電は直径約 $2\,\mu\mathrm{m}$ 以上の粒子で支配的となり，直径約 $0.2\,\mu\mathrm{m}$ 以下の粒子においては拡散荷電が支配的となる．

球形粒子の場合，電界荷電による粒子帯電量 q は Pauthenier によって与えられ，以下のようになる．

$$q(t) = \frac{q_\infty(t/\tau)}{1+t/\tau} \tag{2.1}$$

$$q_\infty = \pi\varepsilon_0 \left(\frac{3\varepsilon_s}{\varepsilon_s+2}\right) d_p^2 E \tag{2.2}$$

$$\tau = \frac{4\varepsilon_0 E}{J} \tag{2.3}$$

ここに，q_∞：飽和帯電量 [C]，t：荷電時間 [s]，τ：電界荷電時定数 [s]，ε_0：真空中の誘電率（$=8.9\times10^{-12}\,\mathrm{F/m}$），$\varepsilon_s$：粒子の比誘電率 [—]，$d_p$：粒子径 [m]，$E$：電界強度 [V/m]，$J$：イオン電流密度 [A/m²] である．

電界荷電における飽和帯電量は荷電電界強度 E に比例し，荷電時定数はイオン電流密度 J に反比例する．したがって有限の荷電時間内に粒子帯電量をできるだけ高くするためには，荷電装置の E および J を高くする必要がある．

コロナ放電を使わない方法として，誘導帯電がある．電界中に置かれた導体表面には電荷が誘導される．たとえば，図 2.18 のように液体をノズルから噴出す

る際にノズル先端に電界を形成しておくと，液柱先端に電荷が誘導され，液滴に分かれる際に誘導された電荷を持ったまま液滴となる．帯電電荷量は電界強度，液滴の直径などで決定される．ノズル先端部の電界強度を高くすることで，きわめて微細な液滴を形成することが可能である．このほか，紫外線照射により粒子表面から光電子を放出して荷電する方法などもある．

3) 粒子の電界中での運動

電界中の帯電粒子は下式に示すクーロン力を集塵電極方向に受ける．

$$F_c = qE \tag{2.4}$$

一方，粒子が移動するときに受けるガス流体の抵抗力は，ストークスの法則により

$$F_s = 3\pi\mu d_p \omega_e \tag{2.5}$$

で与えられ，$F_c = F_s$ を満たすように，ガスの粘性抵抗力と釣り合った速度で移動する．

$$\omega_e = \frac{qE}{3\pi\mu d_p} \tag{2.6}$$

ここに，F_c：クーロン力 [N], q：粒子の帯電量 [C], ω；移動速度 [m/s], μ；ガスの粘度 [Ns/m²] である．

無帯電粒子にも不平等電界中ではグラディエント力 F_g が働く．分極を P とすると，

$$F_g = \nabla(PE) \tag{2.7}$$

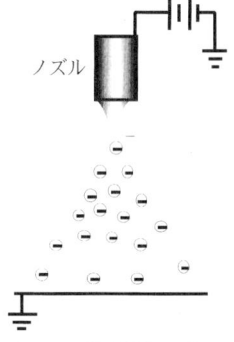

図 2.18 帯電液滴スプレー

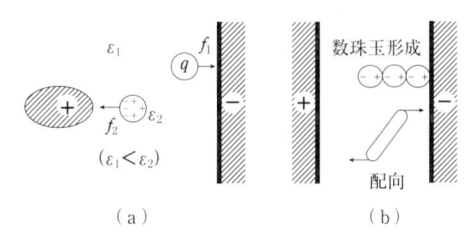

図 2.19 電界中に置かれた粒子が受ける静電気力

$f_1 = q\boldsymbol{E}$：クーロン力
$f_2 = (\boldsymbol{P} \cdot \nabla)\boldsymbol{E}$：グラディエント力
ε_1：媒質の誘電率，ε_2：粒子の誘電率，q：粒子帯電量

である．図 2.19 に示すように粒子が電界中で分極し等量の電荷が分離（分極）するが，負電荷の方がより大きな電界中にあるため，反発力と吸引力との差が生じ，電界の強い方へと力が働く．粒子どうしが電界方向に数珠玉のように並ぶ現象もグラディエント力によるものである．また，分極の大きくなる方向に回転力が働くため，細長い粒子は長軸が電界方向に向く力を受ける．

微粒子に働く電気力は，上記のように基本的に表面積に比例する．このため，重力や磁力のような体積に比例する力より，電気力は，粒子が小さくなるほど相対的に強くなる．このため，10 μm 程度以下の粒子を扱う場合には電気力が重要となる．

4) 高電圧を応用したガス浄化技術

小規模自家発電装置を用い，発生する電力と熱とを合わせて供給する熱電併給方式（コジェネレーション）を導入することで化石燃料利用効率が向上でき，二酸化炭素排出量の抑制を行うことができる．このために，都市密集地で使用できる，より高効率の新しい環境対策技術を開発することが重要となってきている．また，自動車などの移動発生源の増加に伴い，車載可能なコンパクトな排ガス浄化装置の実用化も望まれている．さらに，ダイオキシンやフロンの放出抑制，有機溶剤の除去，臭いの除去，浮遊微生物やウイルス除去による感染防止やアレルギー抑制など，作業環境や生活環境の改善に有用な空気浄化技術の必要性も高まっている．このような要求に，高電圧を応用したガス浄化技術が役立つと期待される．

電気集塵は排ガス中のダストの除去や有価物の回収に広く使われている[1]．図 2.20 に電気集塵の原理を示す．接地された平板などのなめらかな集塵電極と，線状の放電極とから構成されている．放電極には通常負の直流高電圧 V が印加されており，電圧値の上昇に伴って負コロナ放電が発生する．これにより集塵電極に向かって負イオンが流れる．コロナ放電が発生している電極間の単極性イオン場に，浮遊微粒子を含んだガスを通過させると，負イオンの衝突により微粒子が荷電される．電荷を持った微粒子はコロナ空間の直流電界により集塵電極方向にクーロン力を受け集塵される．集塵電極に堆積したダスト層が十分な厚さになったとき，集塵電極をつち打ちして機械的衝撃を与え，堆積ダスト層をはく離，落下させ下部のホッパ内に捕集する．これが乾式電気集塵装置の原理である．

集塵電極の表面に水を流す水膜式電気集塵装置は，集塵電極に捕集したダスト

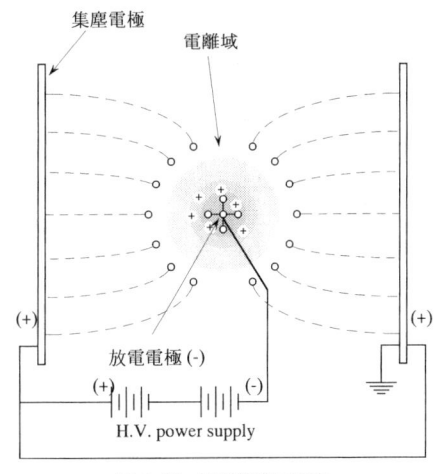

2.2 環境調和のための電気電子工学

図 2.20 電気集塵の原理

の再飛散が抑制できるため高性能である．また，コロナ放電に伴って発生するイオンの流れが，ガス分子を動かすことで発生するイオン風により，汚染ガスの水膜への吸収が促進される．図 2.21 は，ダイオキシンや塩化水素の発生が問題となる小型ゴミ焼却炉に利用した例である．排ガスを急冷し，気液分離を行い，水膜式電気集塵装置に導入する．捕集したダストを含んだ水を循環途中でフィルタによりろ過して，ダストを分離し，再度ダストを高温で完全燃焼する．排ガス中のダイオキシン，塩化水素などの濃度変化を表 2.5 に示す．良好な除去性能が得

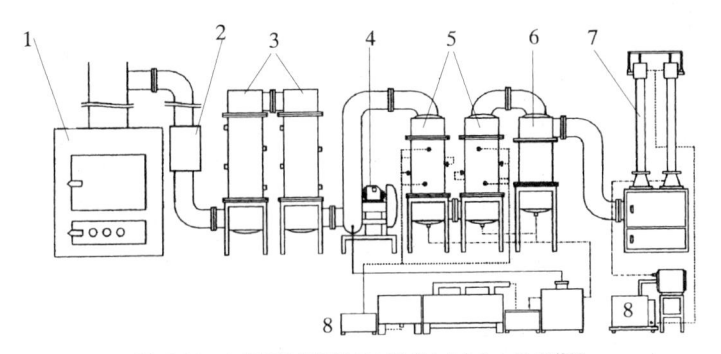

図 2.21 小規模焼却炉排ガス用ダイオキシン除去装置
1．燃焼炉，2．再燃焼装置，3．熱交換機，4．ファン，5．スクラバー，
6．ミスト分離装置，7．湿式プラズマ反応装置，8．吸収液用フィルタ．

表 2.5 湿式放電プラズマ反応装置を用いたダイオキシン類などの除去

ガス成分	単位	入口	出口
浮遊粒子	g/m³	0.84	0.008
塩化水素（HCl）	mg/m³	670	12
窒素酸化物（NO_x）	ppm	89	42
硫黄酸化物（SO_2）	ppm	42	21
ダイオキシン（TEQ）	ng-TEQ/m³	160	13

られている．ダイオキシンの大部分はダストに吸着していると考えられており，ダストを除去することで排ガス中のダイオキシンを 90% 程度除去できる．

　放電プラズマ排ガス浄化法は電気集塵装置と同様な電極を用い，パルスストリーマ放電などを用いて広い範囲を電離してプラズマ化し，活性種（ラジカル）による化学反応をガス浄化に役立てるものであり，ダストとガスの同時除去が可能な技術である．このときのプラズマは電子温度は高いがイオン温度が低く，ガスの温度上昇を起こさない非平衡プラズマである．図 2.22 にプラズマの写真を示す．針対平板などのコロナ放電用の電極に，立ち上がり時間数十 ns，持続時間 1 μs 程度以下のパルス高電圧を印加すると，放電電極から線状に伸びるストリーマ放電が発生し，電極間の広い範囲をプラズマ化できる．電界で加速された電子がガス分子へ衝突することでガス分子を電離するとプラズマとなる．このとき電

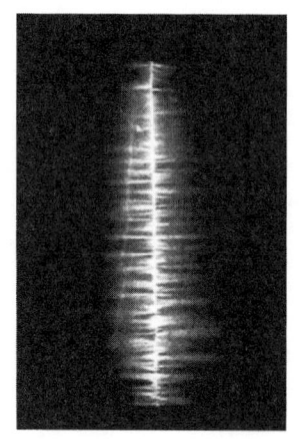

(a) パルスストリーマ放電

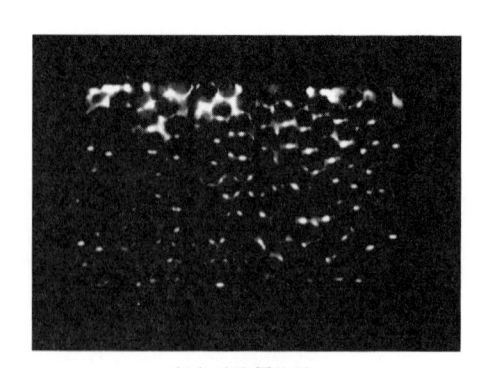

(b) 充填層放電

図 2.22 核種放電プラズマの様子

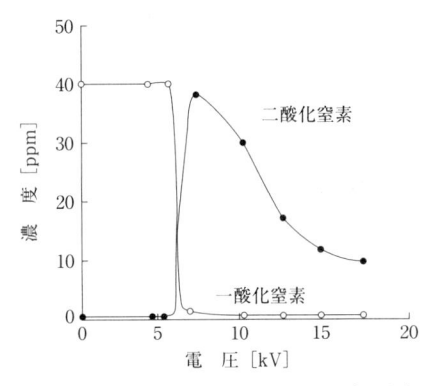

図 2.23 パルス放電プラズマによる一酸化窒素の変化（ガス滞留時間：0.6秒）

離に必要な電子のエネルギーレベルは 15 eV 程度以上である．通常の化学結合のエネルギーは高々数 eV であり，プラズマにより種々の化学反応が引き起こされる．プラズマ中では反応性の高いラジカルも多く生成される．強誘電体球（直径数 mm 程度）充塡層の両側に金属網電極を設け，交流電圧を印加すると，誘電体の接触部分に充塡層放電プラズマを発生させることができる．表面に触媒を担持すると，プラズマと触媒との組み合わせができ，反応の選択性を高めたり高効率化できる．オゾン発生に利用されている無声放電なども有用である．

図 2.23 に放電プラズマによる空気中の一酸化窒素の変化の典型的な例を示す．放電が始まると二酸化窒素への酸化が起こり，さらに電圧が上昇すると二酸化窒素が減少する．プラズマ中では酸素（O）ラジカルなどによる酸化と同時に，窒素（N）ラジカルなどによる還元反応も進行する．二酸化窒素は反応性が高く，アンモニアが存在すれば硝酸アンモニウムなどの微粒子となり，集塵装置で除去できる．また，アルカリ溶液などに吸収することも可能である．放電プラズマと酸化チタンやゼオライト系触媒とを組み合わせると，一酸化窒素浄化に必要なエネルギー効率が向上させられることも報告されている．トリメチルアミンなどの悪臭物質やベンゼンやホルムアルデヒドなど，人体への影響が危惧される有機揮発性物質の除去にも放電プラズマ化学反応は有効である．プラズマ化学反応の基礎過程の解明とともに，広く実用化されることが望まれている．

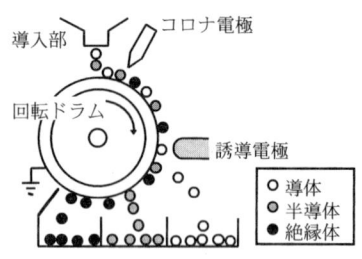

図 2.24 静電分離装置

5) 高電圧を応用した各種環境技術

(1) 静電分離

図 2.24 は静電分離装置の例である．回転ドラムにペレット状の粒子を供給し，コロナ放電で帯電させる．その直後にドラムに対向して誘導電極があり，導体はただちに電荷を失い逆極性に誘導帯電し，ドラムから離れる．絶縁体はコロナ放電により得た電荷が残っているのでドラムに吸着して回転し，ワイパーによりはく離される．これによりプラスチックと金属は，導電率の違いにより選別される．プラスチックの摩擦帯電列の違いを利用して，種類ごとに選別することも試みられている．静電分離技術は資源リサイクルなどに重要である．

(2) 静電噴霧

図 2.18 は静電噴霧ともいい，静電塗装として広く使われている．農薬散布時に静電噴霧を用いると植物への付着効率が高くなるので，省資源，環境負荷低減に大きな役割を果たすと期待できる．

(3) エレクトレットフィルタ

不平等電界中では無帯電粒子にも電界の強い方へと図 2.19 のようにグラディエント力が働く．エレクトレットフィルタは分極させた繊維からなるフィルタであり，帯電粒子にはクーロン力，無帯電粒子にはグラディエント力が働くため高効率である．エレクトレットはポリプロピレンなどの繊維からできた不織布をコロナ放電で帯電させて作る．室内空気浄化などに広く使われている．

(4) ラジカルによる殺菌

オゾンが分解するときに生成する，強力な酸化力を持つ酸素 (O) ラジカルを殺菌に利用するもので，利用する場所で電気を用いて発生できることや，分解後は酸素となるため後処理の必要がないなどの利点を有している．オゾンは空気や酸素を原料として，無声放電や沿面放電により生成される．冷水に溶かし込んだ

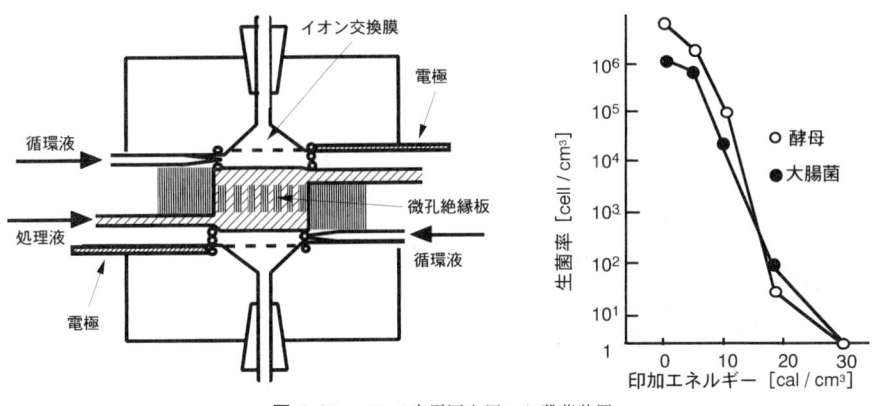

図 2.25 パルス高電圧を用いた殺菌装置

オゾン水も，殺菌のほか，脱色などに利用されている．真空チャンバ内で過酸化水素をプラズマで解離してOHラジカルを発生させ，これを用いる滅菌装置も実用化されている．

(5) パルス高電圧による液体の殺菌

図2.25のように，液体に高電圧を印加して，浮遊する微生物や細胞などの膜を破壊することで殺菌を行うことが可能である．液体が流通する直径1mm程度の穴を多数あけた絶縁板を平板電極ではさんだものであり，電極にパルス電圧を印加する．電極からのイオンの注入を防ぐため電極と絶縁板間にイオン交換膜を置く．電界強度30kV/cm，1mlあたり約30カロリーのエネルギーで菌の濃度が10^{-6}以下に低下する結果が得られている．殺菌効果には温度依存性があり，溶液の温度をある程度高く保つ方が高効率となる．この殺菌法は，従来の加熱殺菌に比べはるかに低い温度で殺菌あるいは滅菌が可能であるとともに，薬品の残留がないことが特徴である．

(6) 放電雑草除去

雑草除去方法の一つに高電圧放電の利用がある．図2.26のように，電流が葉，茎，根を流れ組織を破壊することによるものであり，薬品を使用せずに除草が行える利点を有している．また，コンクリートの隙間など，切断などを行いにくい場所に生えてくる雑草の除去にも有効である．適用にあたっては人体への感電に対する安全性を確保する課題がある．高電圧放電による除草は環境を汚染しない特徴を有しており，安全な食糧の生産のためにも利用されることが望ましい．

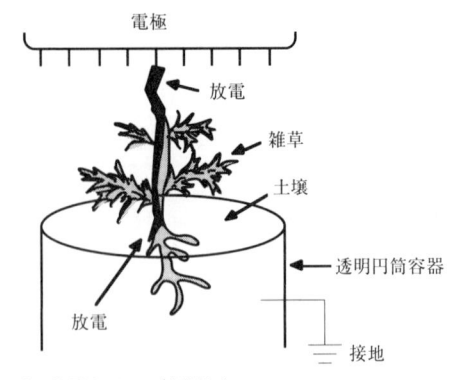

図 2.26　パルス高電圧放電を用いた雑草除去

引用文献

1) 静電気学会編：新版静電気ハンドブック，オーム社，p.38，1998．
2) 電気学会編：放電ハンドブック，電気学会，1998．

b．計測技術

　電気は熱エネルギー，光エネルギー，運動エネルギーなどさまざまなエネルギーに変換することができ，また，電線などの線路を用いて容易に遠方に送ることができる．そのため，電気は環境計測や環境改善のためには不可欠のものとなっている．本項では電気電子の基礎を学び電子計測技術を習得する．

1)　計測の基礎

　計測量の一般的な形は，(1) 化学的，(2) 電気的，(3) 機械的，(4) 磁気的，(5) 放射的，(6) 熱的の6つに分類される．

　これらの信号はそれぞれセンサを通して計測され，増幅されて適当な変換器を通して出力される．これらの様子を図2.27に示す．入力された信号は，最初に適当なセンサによってある物理量に変換される．次にアンプ（増幅器）を通して変換可能な大きさに増幅される．信号はここでは大抵の場合，電気信号となる．そして，最後に各種の信号に再び変換されて出力される．たとえば，温度を計測する場合を考えてみよう．図2.28に示すように，まず温度を温度センサによって検出する．ここでは熱的な信号が電気信号に変換される．次段でその電気信号は増幅され，電流が電圧計のコイルに流れて磁界（磁気信号）を発生させること

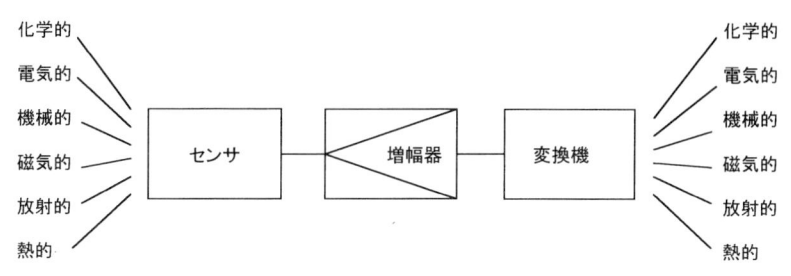

図 2.27 各種計測のフロー

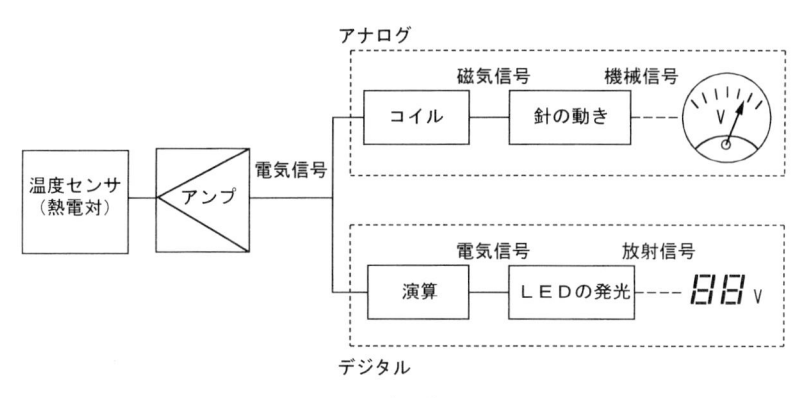

図 2.28 温度の計測のフロー

になる．その磁気的信号は針を回転させる機械的信号となり，その針の示す角度から温度を読み取ることが可能となる．もしも，電圧計がデジタル表示である場合は，電気信号は直接演算されて表示器の発光ダイオードを点灯させて放射的（光学的）信号となり，われわれはその数字から温度を読み取ることが可能となる．このように計測においては各種の信号をいったん電気信号に変換することによって，信号が取り扱いやすくなることがわかる．つまり，電気信号は (1) 増幅ができる，(2) 他の信号に変換することができる，(3) 表示や記録ができる，(4) 信号の伝達が容易である，などの利点を有する．

2) 信号の増幅

一般にセンサによって検出される信号は大きさが小さいため，それを増幅することが必要となる．ここでは，信号の増幅に一般的に用いられる演算増幅器の基礎について学ぶ．演算増幅器には反転増幅器，非反転増幅器，差動増幅器などの回路があり，応用によって回路を選択する必要がある．

図 2.29 演算増幅器のシンボル

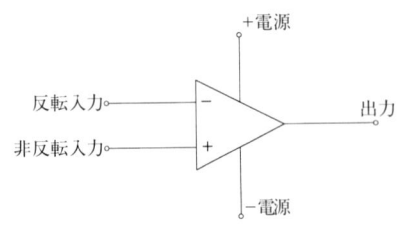

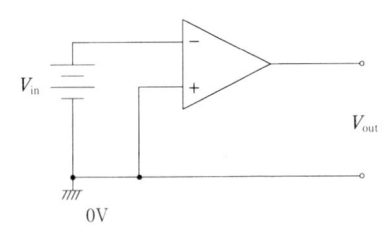

図 2.30 演算増幅器の動作原理

(1) 演算増幅器の基礎

演算増幅器はオペアンプとも呼ばれており，複数のトランジスタや抵抗などの回路素子を内部に持ったIC（集積回路）で1960年代後半にアメリカで開発された．このICを用いると内部の電子回路設計に関する高等な知識がなくても，外部に抵抗やコンデンサを付加するだけで容易に所望の特性を持った増幅器を設計，作製することができるのである．演算増幅器は図2.29に示すようなシンボルで表示され，図面上では上下の±の電源線は省略されることが多い．入力には反転入力端子（－）と非反転入力端子（＋）の2つがある．いま，ここで図2.30に示すような回路で開ループ増幅率（オープンループゲイン）が G_0 の演算増幅器を考え，反転入力端子に電圧信号 V_{in} を入力すると，出力端子には $V_{out}=G_0 V_{in}$ が出力される．この開ループ増幅率 G_0 は一般的に大きく，数千～数百万倍であるから，実際には図2.31のように，ほんの少しの信号が入力されただけでも出力は電源電圧に達して飽和してしまうのである．したがって，通常は図2.30のような接続はせず，出力の一部を入力に戻す負帰還（ネガティブフィードバック）という手法を用いる．

(2) 反転増幅器

図2.32にネガティブフィードバックを施した回路を示す．このような回路は反転増幅器と呼ばれ，フィードバック抵抗 R_f によって出力の一部を入力に戻すことによって，増幅率を小さくして回路の安定化を図り，図2.31のような飽和現象を防止している．演算増幅器には以下に示す2つのゴールデンルールがある．

① 2つの入力端子間の電位差 ΔV はほとんど零である．
② 入力端子から演算増幅器に流れ込む電流はほとんど零である．

"ほとんど零"とはきわめて零に近く（実際流れ込む電流は 10^{-9}～10^{-12} A の

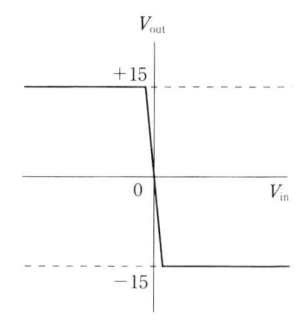

図 2.31 演算増幅器の入出力の関係 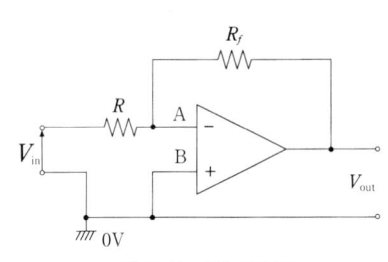　　図 2.32 反転増幅器

オーダー），事実上，零と考えても差し支えないということである．この2つのルールを踏まえて図 2.32 の回路を見てみよう．まず，B は接地されているから，電位は零であり，ルール①によって入力端子間の電位差がないので，A 点の電位 V_A も同様に零である（A 点は実際には接地されていないのに，電位が零とみなせるので，これを仮想接地と呼ぶ）．そうすると，R にかかっている電圧は V_{in} であり，R_f にかかっている電圧は V_{out} である．ルール②によると A 点から演算増幅器への電流の流入はないので，R を流れる電流は R_f を流れる電流と大きさが等しく，方向が逆である．したがって

$$\frac{V_{in}}{R} = -\frac{V_{out}}{R_f} \tag{2.8}$$

が成り立ち，これより

$$V_{out} = -V_{in}\frac{R_f}{R} \tag{2.9}$$

が得られる．すなわち，反転増幅器では入力が $-R_f/R$ 倍されて出力されることがわかる．この値を閉ループ増幅率と呼ぶ．ここで，入力インピーダンス Z_0 について考えてみよう．入力インピーダンスとは，入力側から見たインピーダンスで Ω の単位を持つ．この回路では A 点の電位は零であるから，入力インピーダンスは入力抵抗そのものとなり $Z_0 = R$ となる．R を大きく設計すると高い増幅率が得にくくなるため，R の大きさは制限され，その結果，この回路では大きな入力インピーダンスを確保することが困難となる．したがって，この回路はセンサの出力インピーダンスが大きく，電流が信号強度に比例するようなセンサ出力の増幅に適している．

次にネガティブフィードバックについて理解しておこう．前述のようにネガティブフィードバックでは出力を入力に戻すループが形成されている．いま，図2.32において $R=1\,\text{k}\Omega$，$R_f=10\,\text{k}\Omega$ とし，入力が $+1\text{V}$ とする．出力端子が仮に零と仮定すると，入力は2つの抵抗で分圧されるので，R には $1/(1+10)=+0.091\,\text{V}$，$R_f$ には $10/(1+10)=+0.91\,\text{V}$ の電圧がかかることになり，A 点の電位 V_A は $+0.91\,\text{V}$ となる．しかしながら A 点は仮想接地により電位は零になる必要があるので，大きな矛盾が生じることになる．そこで出力電圧が変化する必要が生じ，$-10\,\text{V}$ にまで下がると A 点の電位は零となりうまく分圧される．つまり，出力が自動的に変化して安定点である $-10\,\text{V}$ でバランスするのである．これがネガティブフィードバックによる作用である．この安定点の出力電圧はちょうど入力の $-R_f/R$ 倍ということになる．

(3) 非反転増幅器

図2.33に非反転増幅器の回路を示す．この回路では非反転入力端子に入力が接続され，反転入力端子は抵抗 R を介して接地されている．この回路ではルール①より，A 点の電位 V_A は入力電圧 V_{in} に等しく，

$$V_A = V_{in} \tag{2.10}$$

である．また，V_A は出力電圧 V_{out} を抵抗 R および R_f で分圧したものであるから，

$$V_A = V_{out}\frac{R}{R+R_f} \tag{2.11}$$

の関係が成り立つはずである．そうすると，これら2つの式から次に示す入力と出力の関係式が得られる．

$$V_{out} = \left(1+\frac{R_f}{R}\right)V_{in} \tag{2.12}$$

この式からわかるように非反転増幅回路の閉ループ増幅率は $(1+R_f/R)$ である．

この回路の特徴は入力インピーダンス Z_0 が無限大（$10^8\,\Omega$ 以上）に近いことで，入力抵抗 R の大きさに依存する反転増幅器とは異なる．したがって，この回路は，電流を取り出すと電圧が降下するような出力インピーダンスの小さいセンサの出力を増幅したい場合などに大変有効である．

(4) 差動増幅器

図2.34に差動増幅回路を示す．この回路はそれぞれの入力電圧の差を増幅す

図 2.33 非反転増幅器   図 2.34 差動増幅器

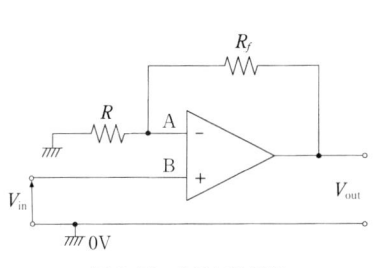

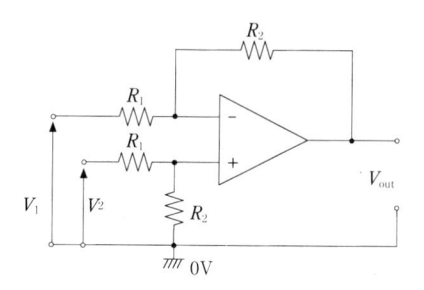

る作用があり，閉ループ増幅率は R_2/R_1 で示される．つまり，入出力の関係は

$$V_{\text{out}} = (V_2 - V_1)\frac{R_2}{R_1} \tag{2.13}$$

となる．この回路では2つの入力に同相のノイズが含まれる場合，それらが除去されるという特徴を持っている．その除去率は用いる抵抗の精度によって決まり，精度 0.01% の抵抗を用いて回路を構成した場合，その同相ノイズは 10^{-5} 程度にまで低減することができる．したがって，この回路は信号源（センサ）と増幅器が離れたところにあり，その間で同相ノイズが生じる場合などに有効である．

3) 各種計測の実例

ここではいくつかの計測例をあげて計測の実際を学ぶ．

(1) 温度の計測

温度の計測には，一般には熱電対や抵抗測温体が用いられる．抵抗測温体は測定精度がよいが，一般的には高価で高温耐性がないなどの理由から，炉内の温度などの計測には高温耐性があり安価な熱電対（thermocouple）が用いられることが多い．

図 2.35(a) に示すように異種の金属の両端を接触させて閉ループを作り，その2つの接点の温度を変えると，この回路に起電力が発生し，電流が流れる．この現象はゼーベック効果として知られ，このとき発生する起電力を熱起電力という．熱起電力の値は，接点を除いた中間部分の温度分布には関係なく，両接合点の温度によってのみ決まる．したがって図 2.35(b) に示すように，一方の接点を一定の基準温度 T に保つとき，起電力は他方の接点の温度 T_1 によって決まる．そのため熱起電力を測定すれば温度 T_1 を知ることができる．この原理を利

図 2.35 熱電対の原理

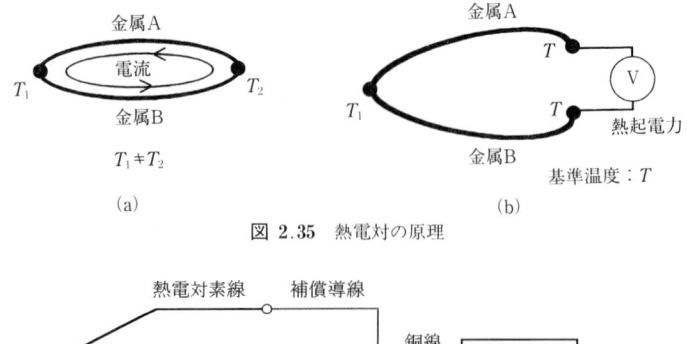

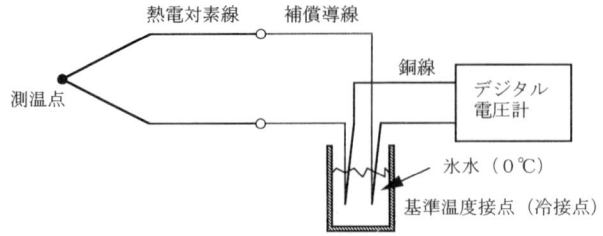

図 2.36 熱電対を用いた温度計測

用した温度測定に用いる 2 種の金属合金の組み合わせを熱電対という．

熱電対を温度計測に使う長所としては，一般に細線 2 本の接点を利用することから，小さな部分の温度でも測定できること，および接点の熱容量が小さいため温度変化に追従しやすいこと，さらには温度が電気量として取り出されるため取り扱いやすいことなどがあげられる．熱電対材料にはさまざまなものがあり，それらは温度測定範囲によって JIS で定められている．

−200℃ から 1000℃ までの測温ではクロメル-アルメル熱電対が用いられ，JIS 記号では "K"（旧記号 "CA"）で表される．基準温度としては氷と水の混合によって得られる 0℃ を用いる．図 2.36 に測定回路を示す．補償導線とは熱電対とほぼ同じ熱電的特性を持っており，一般に熱電対と比べて安価であるため経済的であり，また，被覆されているので取り扱いが容易である，などの理由から熱電対と基準温度接点間を延長する際に用いられる．最近では氷水基準温度接点の取り扱いが煩わしいことから，これにとってかわる電子温度補償回路が組み込まれた製品が用いられるようになり，氷水基準温度接点は精密測定においてのみ使用されている．

(2) 磁界の計測

地磁気の方向を知るために方位磁針を用いるが，磁界の定量測定には磁気セン

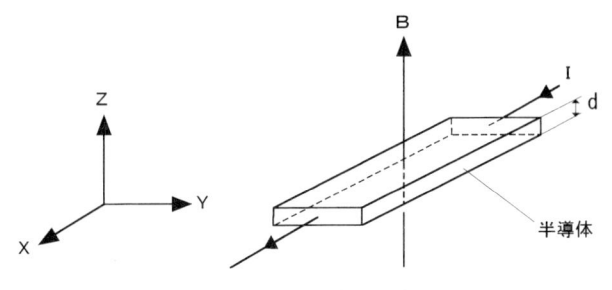

図 2.37 ホール素子の原理

サを用いる.その代表的なものとしてホール素子がある.ホール素子は InSb や GaAs などの化合物半導体から作製される.磁界中で半導体に電流を流すと,半導体中の電流はローレンツ力を受けて電圧を発生する.この効果はホール効果として知られている.図 2.37 に示すように X 軸方向に電流 I [A] を流し,Z 軸方向に磁束密度 B [Wb/m²＝T] を印加すると,電流のキャリアは Y 軸方向に力を受けて,I と B の大きさに比例したホール電圧 V_H が Y 軸方向に発生する.その電圧は,

$$V_H = \frac{R_H I B}{d} \tag{2.14}$$

で表される.ここで R_H [m³/C] は半導体中のキャリア密度に反比例した定数で,ホール定数と呼ばれる.d [m] は半導体の厚さである.一般に,ホール素子の感度を上げるためにはホール定数の大きな材料を選択することが大切である.d を小さくすることは抵抗を大きくすることになり,一定電流に対するセンサの消費電力を増大させるのであまり好ましくない.ホール素子はさまざまなものが市販されており,$10^{-5} \sim 10$ T 程度の比較的大きな磁界の計測に用いられている.このほかにも,高感度磁気センサとして超伝導現象を用いた SQUID 磁気センサなどが知られている.このセンサは感度のよいものでは 10^{-13} T の感度を有する.

(3) 磁気センサの応用例

次に,最近開発された微量元素検出技術について説明する.近年,焼却施設から排出されたダイオキシン (polychlorinated dibenzo-p-dioxons : PCDDs, polychlorinated dibenzofurans : PCDFs) が問題となっている.ダイオキシンは脂溶性の有機物で,土壌に分配されやすく,脂質や油に対する親和性が大きいため生

物濃縮性が大きく,毒性がきわめて高いことが特徴である.この問題は施設の従業員および周辺住民に影響を与えるばかりか,魚類,鳥類やほ乳類に濃縮され,それら食物連鎖の頂点に立つヒトが影響を受けるため,地球規模での問題と考えられ,大きな社会問題となっている.これだけ大きな問題となっているにもかかわらず,世界的にダイオキシンの汚染状況の把握がいまだに十分に行われていない原因は,その分析技術が十分でなく,また,分析に多大な時間を要することによる.既存の分析方法は化学分析によっており,試料に含まれる微量成分の質量をGC/MS(ガスクロマトグラフィー質量分析器)で直接分析して,ダイオキシンの有無を調べるため,試料からダイオキシンを分離したり,濃縮する準備作業に長時間(1週間)を要している.ここで紹介する方法は超高感度磁気センサと抗原抗体反応を応用した高感度で,時間短縮を図ることができる新しいダイオキシン定量分析方法である.

図2.38に高感度磁気センサを用いた方法の原理図を示す.(1)まず,分析用ウエルにダイオキシンに特異的に反応(結合)する抗体を付着させる.(2)ここに分析すべきダイオキシン試料を加え,抗体に反応(結合)させる.(3)さらに,ナノメートルサイズの微小磁性微粒子で標識された抗体をダイオキシンに反応させる.(4)ここでいったん,未反応(未結合)微粒子の洗浄を行う.(5)最後に,結合されているため洗い流されなかった微粒子を磁化し,高感度磁気センサで磁気信号を計測する.そうすると,この信号は試料に含まれるダイオキシンの量に比例することになる.この方法はまだ開発途上であるが,評価に要する時間が1時間程度と飛躍的に短縮されるため期待されている.

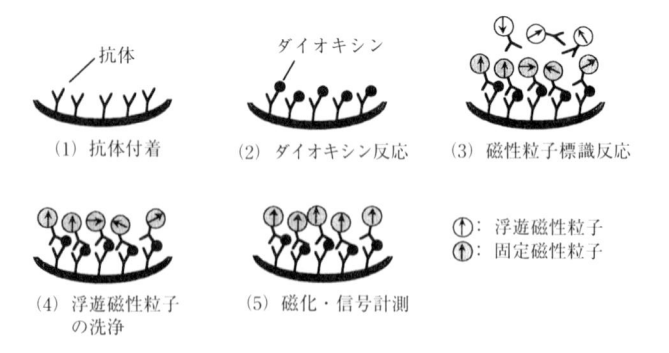

図 2.38 超高感度磁気センサを用いたダイオキシンの検出

2.3 環境に調和したエネルギー利用

　1970年代の高度経済成長期，わが国は効率のみを重視して多くの技術開発を推進してきた．しかし，その代償としてさまざまな公害問題を経験し，これを契機としてより厳格な環境規制が布かれるとともに，各種環境対策技術の開発にも精力が注がれた．一方，このような地域環境問題が生じたほぼ同時期に，2回にわたる石油危機を経験し，また，ローマクラブによって「成長の限界」[1]という資源の有限性に関する報告が発表された．このような状況に直面したわが国では，世界に先駆けて，省資源・省エネルギー化に関するさまざまな取り組みを精力的に実施してきた．さらに，1990年代後半に至ると，オゾン層破壊，酸性雨，温暖化などの新たな地球規模の環境問題が指摘されるようになり，大気，水，土壌といういわゆる地球共有財が損失しつつあることが周知となった．このような状況を打破しながら，将来にわたり持続的発展が可能となる社会システムを構築するためには，効率よくしかも環境に調和させながらエネルギーを生産・利用することが重要となる．なぜならば，太陽エネルギーが地球に注がれたからこそ地球上に生態系が誕生したからであり，また，すべての生産活動や社会活動においてはエネルギーが必要不可欠だからである．

表 2.6　エネルギーの種類[2]

1. 化石エネルギー源
   (1) 石油
   (2) 石炭
   (3) 天然ガス
   (4) オイルサンド，オイルシェール
2. 非化石エネルギー源
   (1) 自然エネルギー
       水力エネルギー
       地熱エネルギー
       太陽エネルギー
       風力
       波力，潮流，潮位差（潮汐力），海洋温度差
   (2) バイオマスエネルギー（生物源エネルギー）
   (3) 原子力エネルギー

a. エネルギー資源とその流れ

エネルギー資源には,表2.6に示す化石エネルギーと非化石エネルギーとがある.化石エネルギーとは,埋蔵資源であって本質的に枯渇するものであり,技術発展・経済情勢によっては利用可能量が増加するものである.一方,非化石エネルギーとは,単位面積・単位時間あたりのエネルギー資源量が少ないという性質を有し,しかも時間的,地域的に変動するものである[2].

これまで,とりわけ先進国が経済成長を成し遂げてきた理由の一つとして,石油,天然ガス,石炭,原子力という四大エネルギー資源を,図2.39のような推移で消費してきたことがあげられる.しかし,前述したように,これらの資源は有限であり,可採年数(資源の確認可採埋蔵量を年間の生産量で除した値)が推定されている.表2.7に,石油,天然ガス,石炭およびウランの可採年数を示す.この可採年数は,技術・経済発展によって増加するものの,年間消費量が増加すれば減少してしまう.さらに,化石エネルギーの主成分は炭素であるので,

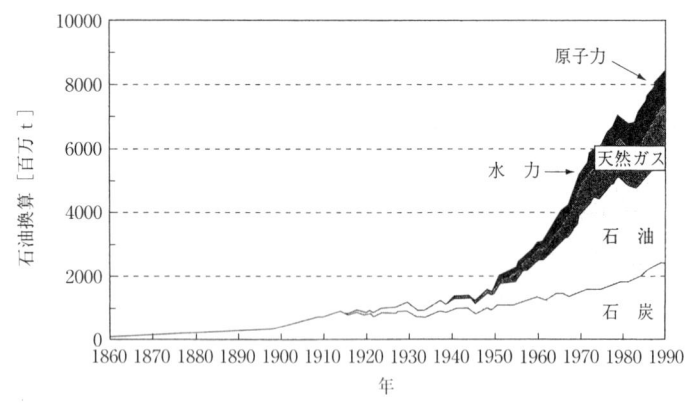

図 2.39 四大エネルギー資源の消費推移[2]

表 2.7 石油,天然ガス,石炭およびウランの可採年数[2]

	石 油	天然ガス	石 炭	ウラン
確認可採埋蔵量 (R)	1997年1月	1996年1月	1993年末	1995年1月
	10188 [億バレル]	140 [兆m³]	10316 [億t]	451 [万t]
年生産量 (P)	1996年	1995年	1993年	1994年
	231 [億バレル]	2.22 [兆m³]	44.7 [億t]	3.1 [万t]
可採年数 (R/P)	44.0年	62.9年	231年	73年(対需要量)

2.3 環境に調和したエネルギー利用

それを消費することにより二酸化炭素が発生することになる。また，原子力エネルギーに関しては，強い放射性を有するので，固有の危険性がある．

一方，非化石エネルギーである自然エネルギーやバイオマスエネルギーは，賦存が希薄，発生量が不安定，エネルギー密度が低いなどの特徴を有している．従来まで自然エネルギーの主力であった水力エネルギーは，他の自然エネルギーと比較して安定なエネルギー源であった．しかし，新たなダム建設を考える場合には，森林伐採など，将来的に修復不可能な環境負荷を残す可能性がある．太陽エネルギーに関しては，太陽熱利用と太陽光発電があり，前者は，家庭用の温水源として利用されており，各家庭においてさらに普及させることによってコストダウンが期待されている．一方，後者は，シリコン半導体の場合，光電変換効率が $10 \sim 15\%$ 程度であり，発電コストはまだまだ割高であるのが現状である．また，装置の寿命によって決まる値である発電可能な合計エネルギー量と，装置を製作するために使用する合計エネルギー量との比も注視しなければならない．換言すれば，いかに自然エネルギーを利用しているといえども，その装置を製作・運転・廃棄するために膨大な化石資源を消費しなければならないのであれば，かえって環境負荷を増大させてしまうことになる．このことは，エネルギー生産システムのライフサイクルエネルギー解析の重要性を示唆している．近年，各地で風力発電が導入されつつあり，1997年現在，わが国の発電規模は約 23.4 MW に達している．なお，アメリカやドイツではすでに 2000 MW 以上の設備容量を有している．この風力も設置個所が限定されており，また，常時，最適なエネルギー変換効率で運転することは困難である．なお，地熱エネルギーは，風力よりもさらに地域性に依存するものの，比較的定常的な出力を得ることが可能となる．

風力とともに注目されているエネルギーにバイオマスエネルギーがある．バイオマスエネルギーには，廃棄物エネルギーも含めることが多い．最近，従来の廃棄物焼却炉に耐腐食性の伝熱管を配し蒸気温度を高温化して発電するスーパーゴミ発電，廃棄物から製造した都市ゴミ固形燃料（refuse derived fuel : RDF）による発電，都市ゴミを燃焼する際に排出される灰の減容化と発電を同時に狙った各種都市ゴミ熱分解あるいはガス化溶融炉，都市ゴミや汚泥などを嫌気性発酵させてメタンを製造しガスエンジンで発電するシステムなどが実用化に至っている．

わが国では，このようなさまざまなエネルギー源を使用して，図 2.40 に示すようなエネルギーの流れで経済・社会活動を支えている．本図において，変換前

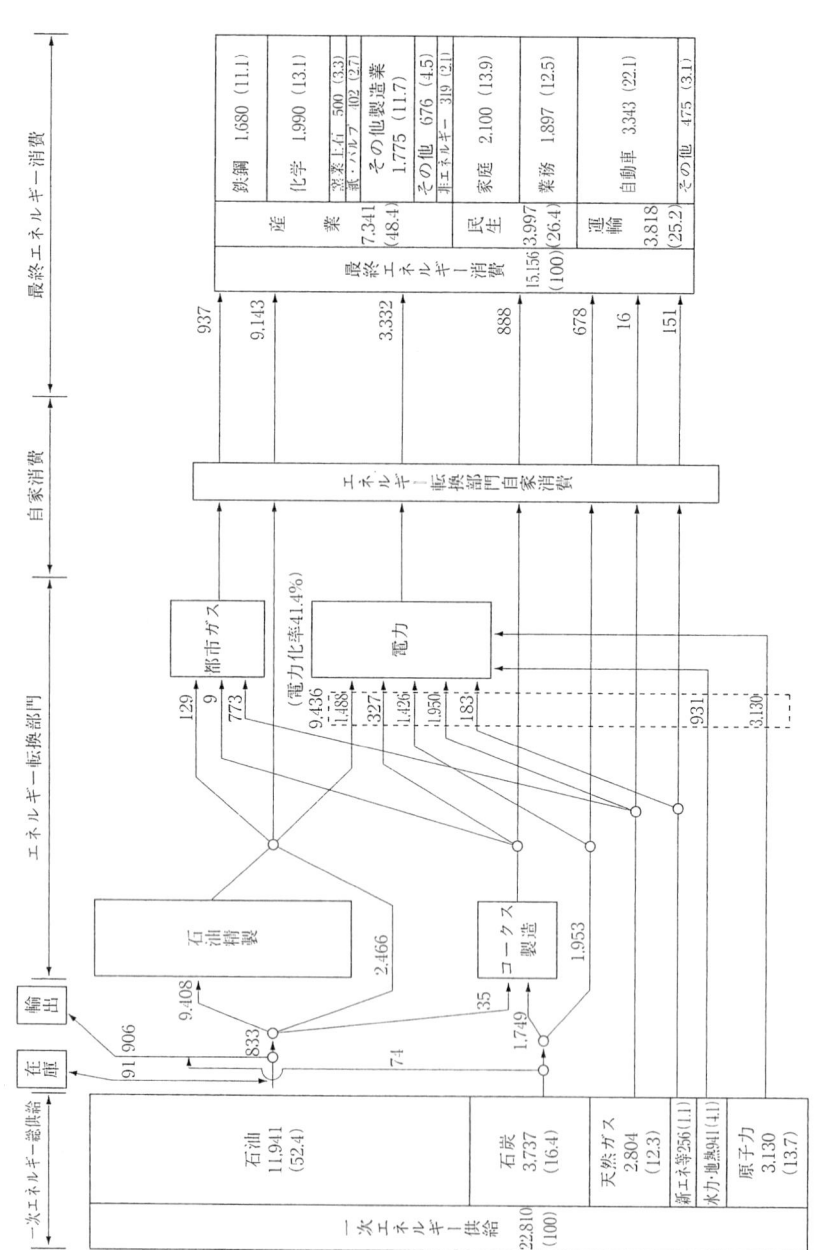

図 2.40 わが国におけるエネルギーの流れ (単位：PJ) [2]

のエネルギーのことを一次エネルギーと呼び，変換後の電気エネルギー，都市ガス，石油製品などを二次エネルギーと呼ぶ．本図より，一次エネルギー量の約41.4%が電力に変換されている．また，一次エネルギーと最終消費エネルギーとの差である34%のうち30%が損失であり，これは環境へ消失されている分になる．製造業では，エネルギーを消費してさまざまな製品を製造している．その際，エネルギーの使用量を製品の生産量で除した値を省エネルギーの指標として用いることが多い．この指標をエネルギー原単位と呼ぶ．

わが国は，一次エネルギーに占める石油の依存度が約52.4%であり，この値は，他の先進諸国と比べて高い値である（たとえば，アメリカ：38.7%，ドイツ：40.2%）．また，全エネルギーの輸入依存度に関しても，わが国は81.5%であり，アメリカの約4倍，ドイツの約1.4倍である．

b．エネルギー変換

エネルギーにも種類があり，あるエネルギーを同一あるいは異種のエネルギー

表 2.8 さまざまなエネルギー変換プロセス[2]

変換前 変換後	力学的 エネルギー	熱エネルギー	化学エネルギー	電気・磁気 エネルギー	光・放射線 エネルギー
力学的 エネルギー	力学的エネルギー間の相互変換	物体（作動流体を含む）の状態変化（熱機関サイクル）	浸透圧メカノケミカル効果	電磁誘導 圧電効果 磁歪効果	輻射圧
熱 エネルギー	摩擦損失 乱流エネルギー損失	熱伝導・熱伝達 熱貫流	発熱・吸熱反応 （化合・解離） （混合・分離）	ジュール発熱 熱電効果 （ペルチエ効果） （電子冷凍）	吸収
化学 エネルギー	物理的同位元素分離 メカノケミカル逆効果	熱解離	電解 電気浸透	電解 電気浸透	光化学反応
電気・磁気 エネルギー	電磁誘導	熱電効果 （ゼーベック効果） （熱電対） 熱電子・熱磁気効果	電極電位 流動電位 燃料電池効果	電磁誘導 （相互変換）	光電・磁効果 （光発電） 原子電池効果
光・放射線 エネルギー		熱放射	発光反応	アーク レーザ 熱電子放射	蛍光反応 燐光反応

へ変えることをエネルギー変換という．表2.8に，各種エネルギー間の変換現象をまとめて示す．エネルギー変換技術には，閉鎖系，流動系，動的および量子的変換の4つの形態がある．閉鎖系変換とは作動流体がクローズドサイクルの中で状態変化し外部と熱のやりとりを行うものであり，カルノーサイクルのような熱機関やヒートポンプがそれに相当する．流動系変換は，作動流体が開放系の連続流として変換系を通過する際にエネルギー変換を行うものであり，蒸気タービンや水車がそれに相当する．その他，動的変換とは電磁誘導現象を利用した電動機や発電機の類であり，量子的変換とは太陽光発電などの光電効果を利用したものである．

エネルギー変換を行うプロセスでは，変換後のエネルギー量を変換前のエネルギー量で除した値であるエネルギー利用効率が高ければ高いほど，省エネルギープロセスであるといえる．しかし，この効率には，後述する熱力学的な限界効率がある．

c．エネルギーに関する法則

通常，エネルギーといえば量的な側面のみにとらわれがちである．しかし，エネルギーは質的な側面も有している．エネルギーの量的な側面は，物質と同様，必ず保存されるものであり，このことをエネルギー保存則と呼ぶ．これは熱力学第1法則とも呼ばれ，システム内でエンタルピー (H) が保存されることを意味し，次式で表すことができる．

$$\Delta H_1 + \Delta H_2 + \cdots = \sum_j \Delta H_j = 0 \qquad (2.15)$$

式 (2.15) 中の ΔH_j とは，ある j というプロセス内における正味のエンタルピー変化を示しており，プロセスによっては正，負あるいは0という値になる．しかし，式 (2.15) は，そのようなプロセスの集合体であるシステムを考えた場合，エネルギー変換前後においてシステム外部へのエンタルピーの出入りがないことを意味している．なお，ここでいうシステムとは，システム内外でエネルギーのやりとりがないものを想定している．

一方，エネルギーの質的側面を表す指標にエントロピー (S) がある．システム全体のエントロピー変化は次式となる．

$$\Delta S_1 + \Delta S_2 + \cdots = \sum_j \Delta S_j \geq 0 \qquad (2.16)$$

これは熱力学第2法則であり，システム全体における変化前後のエントロピー変化は必ず0か増大することを示している．すなわち，エントロピー変化が増加することは，エネルギーの質が落ちることを意味している．しかし，エントロピー変化は，エネルギーの質の低下とともに増大する量であるので，質の低下とともに減少する量であるエクセルギー変化の方が理解しやすい．このエクセルギー（ε）変化は，次式で定義される．

$$\Delta\varepsilon = \Delta H - T_0 \Delta S \tag{2.17}$$

式（2.17）中の T_0 は環境温度であり，通常，298 K を使用する．この定義式をシステムに拡張すると

$$\Delta\varepsilon_1 + \Delta\varepsilon_2 + \cdots = \sum_j \Delta\varepsilon_j = \sum_j (\Delta H_j - T_0 \Delta S_j) = -T_0 \sum_j \Delta S_j \leq 0 \tag{2.18}$$

となり，式（2.18）も熱力学第2法則の別な記述であって，本式によれば，エネルギーの変換過程に伴って，エクセルギー変化が損失することが理解できよう．

さて，エネルギーの質的な性質を示すエクセルギー変化という指標は，現象的には何を意味するものであろうか．これは，エネルギーの本質を考えれば容易に理解できる．そもそもエネルギーとは，なんらかの目的があって生産し利用するものである．熱力学では，この目的のことを仕事（加熱，冷却，膨張，圧縮，濃縮，希釈，反応などを指す）と言い換えている．よって，エクセルギーとは，実際に仕事として機能するエネルギーのポテンシャルを示していると考えてよい．表2.9に，さまざまな化学物質の標準化学エクセルギーを示す．本表において，エクセルギー量が高い物質ほど，取り出すことが可能な仕事エネルギー量も高いことを示している．しかし，この数値はあくまでも仕事エネルギーへ変換できるポテンシャルの高さを示しているにすぎず，エネルギー変換プロセスによっては，エクセルギーのすべてを仕事エネルギーに変換することができるわけではない．よって，仕事エネルギーに変換できる効率を表す指標として，消費エクセルギー量と供給エクセルギー量（入力エクセルギーとは異なる）との比を用いたエクセルギー効率がある．電気エネルギーは，原理的にすべてのエネルギーを仕事エネルギーに変換できるので，エクセルギー効率は最も高い1（100％）となる高品質なエネルギーである．ただし，この電気エネルギーも，その多くは化石資源から燃焼操作によってエネルギー変換していることに注意を要する．一方，たとえば，各家庭にある瞬間湯沸かし器によって水を加熱した場合のエクセルギー

表 2.9 さまざまな化学物質の標準化学エクセルギー[3]

物質		標準化学エクセルギー
化学式	状態	$E^\circ_{x,m}$ [kJ/mol]
C	c, グラファイト	412.49
CaO	c	119.62
$CaCO_3$	c, カルサイト	5.05
CO	g	275.43
CO_2	g	20.108
Fe	c	377.74
Fe_2O_3	c	20.37
H_2	g	235.16
H_2O	g	8.579
H_2O	l	0.0
N_2	g	0.693
O_2	g	3.948
メタン	g	836.51
エタノール	g	1370.8

収支は図2.41のようになる．ここで，廃ガスのエクセルギーは，なんらかの方法を用いれば仕事エネルギーに変換できるエネルギーであるので，損失エクセルギーとは考えない．上述したエクセルギー効率の定義に基づいて計算すると，エクセルギー効率は2.5%（＝使用エクセルギー/[損失エクセルギー＋使用エクセルギー]）にすぎないことがわかる．すなわち，湯沸かし器は，本来，仕事として利用できるエクセルギー量の97.5%を必然的に損失しなければならないプロセスであることに加え，まだ仕事エネルギーとして利用可能な廃ガスエネルギーも熱エネルギーとして環境へ排出していることを意味している．しかし，多くの化石資源の標準化学エクセルギーは，表2.9に示しているとおり高い値である．湯沸かし器の燃料であるメタンが，いかにむだに利用されているかを理解できよう．なお，ΔHやΔSの具体的な数値の求め方については，熱力学の成書を参照されたい．

現実のエネルギー利用システムでは，熱エネルギーのやりとりである加熱，冷却プロセスに加えて，ポンプやファンによって流体に機械的なエネルギーを与えたり，化学反応による吸熱や発熱が生じる場合が多々ある．しかし，前述したように，熱力学第1法則から変化の前後で必ずエネルギーは保存される．このように，熱収支のみならずシステムに関与するすべてのエネルギーに関する収支を表

使用エクセルギー
500.7 kJ (1.5%)

廃ガスのエクセルギー
(39.6%)

損失エクセルギー
(58.9%)

(39.6%)　(58.9%)
13139.28 kJ　19531.27 kJ

33171.25 kJ
(100%)

入力エクセルギー

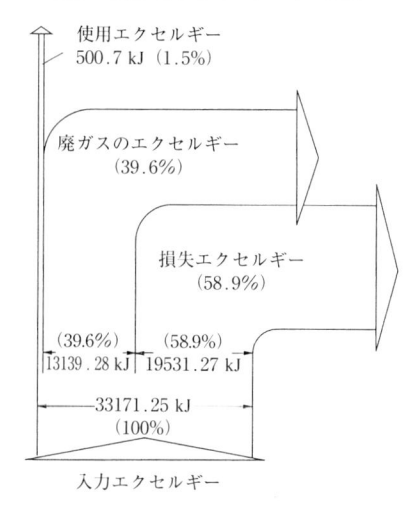

図 2.41　瞬間湯沸かし器によって水を加熱した場合のエクセルギー収支[3]

すものに,ベルヌーイの式がある.

$$z_1 g + \frac{1}{2}u_1^2 + H_1 + W + Q = z_2 g + \frac{1}{2}u_2^2 + H_2 \qquad (2.19)$$

式中の添字は,変化前の状態を1,変化後の状態を2としている.また,zは対象となる物体のある高さ[m],gは重力加速度[m/s^2],uは流速[m/s]である.H,WおよびQは,それぞれ物質の持つエンタルピー,外部と授受する機械的エネルギーおよび外部と授受する熱エネルギーである.化学反応による発熱あるいは吸熱エネルギーや電気エネルギーは,このQに代入することになる.各項は,左辺第1項から順に,位置エネルギー,運動エネルギー,エンタルピー,仕事エネルギー,熱エネルギーというように熱力学的に名づけられている.

d. 熱移動現象

熱エネルギーは,電気エネルギーとともに,主要なエネルギー媒体として,さまざまな産業で利用されている.また,地球規模の環境問題である地球温暖化もこの熱エネルギーが関与している.本項では,さまざまな熱移動現象を理解するために必要な3つの伝熱機構である熱伝導,対流,放射について,それらの基本法則を概説する.

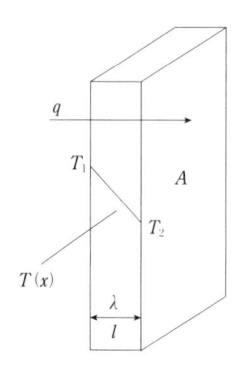

図 2.42 固体あるいは静止流体平板内の熱移動現象

1) 熱伝導

熱伝導は,物体を構成する分子,電子などの微視的な熱運動に基づいて,熱エネルギーが見かけ上高温側から低温側へ移動する現象を指す.この場合,巨視的な形での物体の移動は伴わない.

図2.42に示すような断面積 A [m²] が十分に大きい厚さ L [m] の固体あるいは静止流体があり,左面(①面)の温度が T_1 [K],右面(②面)の温度が T_2 [K] ($<T_1$) になっている平板がある.このような場合,熱は高温から低温へ流れるので,①面から②面へ熱は移動する.このとき,平板内を流れる伝熱量 Q [W] は,平板の断面積および2面間の温度差に比例し,平板の厚さに反比例する.これをフーリエの法則と呼び,平板のような1次元の場合は,次式となる.

$$Q = -kA\frac{dT}{dx} \quad (2.20)$$

上式の右辺に負の符号がついている理由は,熱の流れる方向を正と考えるのが一般的であるからである.比例定数である k は熱伝導度と呼ばれ,その単位は [W/(m·K)] である.なお,伝熱量 Q を断面積 A で除した Q/A [W/m²] を熱流束と呼ぶ.

熱伝導度は物性値であり,物質名とその温度が定まれば物性表などから調べることができる.図2.43〜2.45に,各種固体,液体および気体の熱伝導度の温度変化を示す.これらの図にあるとおり,実際の熱伝導度は,その物質の種類や構造によって依存する値である.一般的に,金属の熱伝導度は大きく,気体の熱伝導度は小さい.非金属や液体のそれは金属と液体のおよそ中間である.

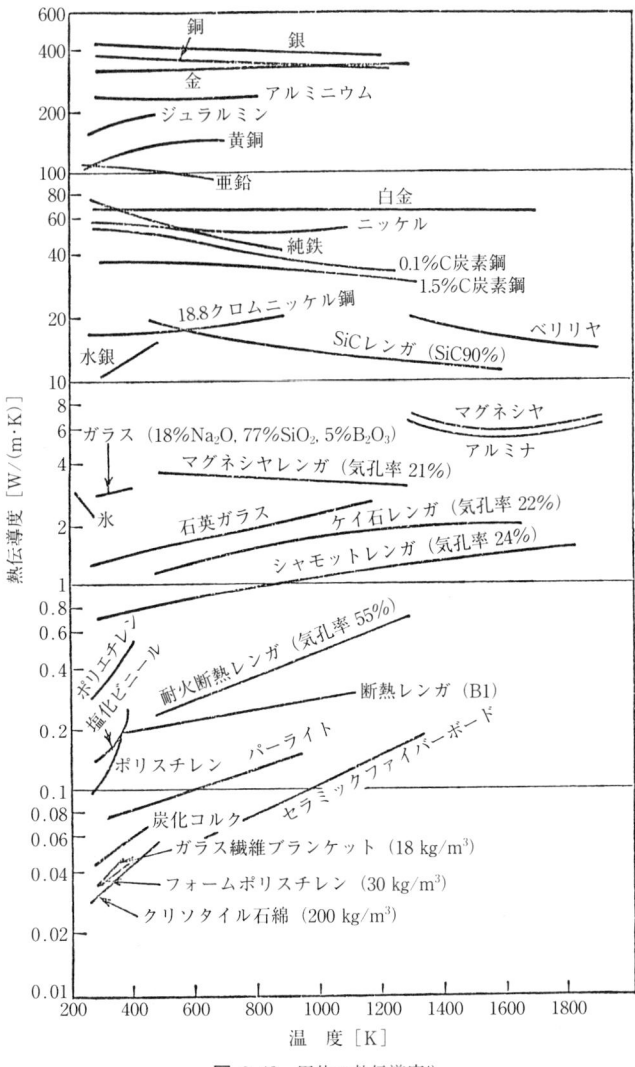

図 2.43 固体の熱伝導度[4]

2) 対流

対流伝熱は，気体あるいは液体のような流体塊の移動に伴って，見かけ上熱エネルギーが高温側から低温側へ移動する現象を指す．この流体塊の移動がポンプ

2. 環境調和のテクノロジー

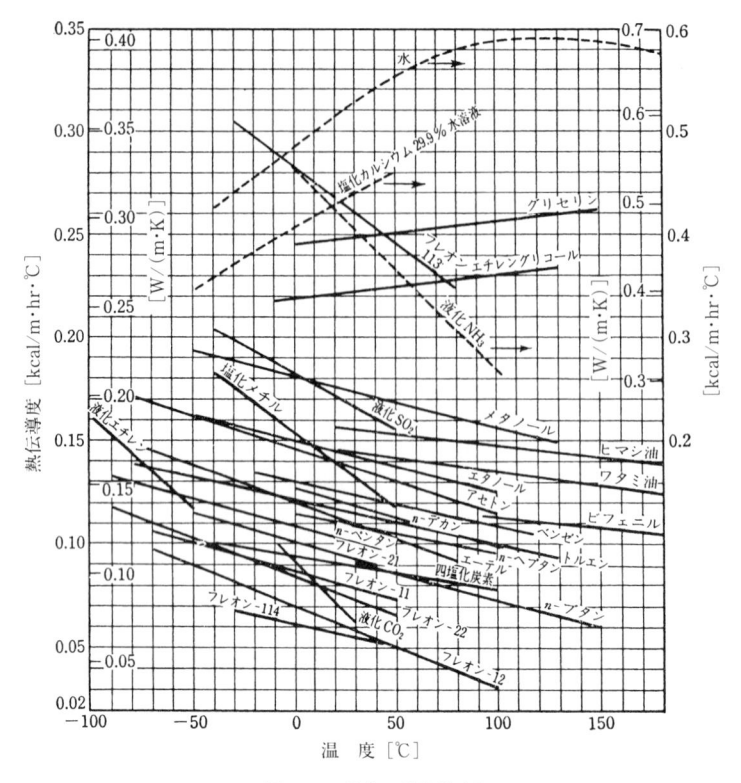

図 2.44 液体の熱伝導度[5]

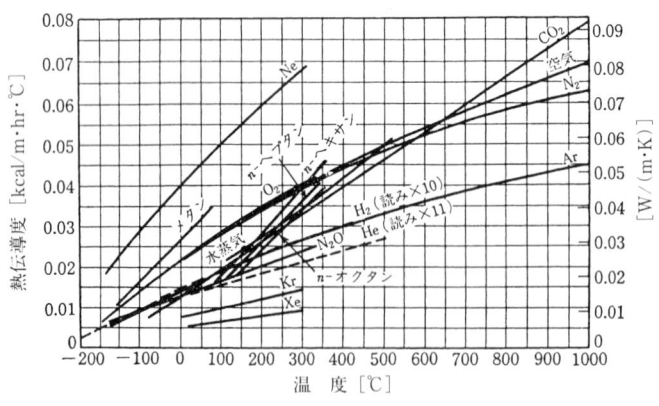

図 2.45 気体の熱伝導度[5]

や送風機などの強制的な外力に起因している場合を強制対流と呼び，流体塊内の温度差による密度差に起因している場合は自然（自由）対流と呼ぶ．また，両現象が同時に存在する場合の対流伝熱現象を共存対流伝熱と呼ぶ．この対流伝熱には，沸騰や凝縮のように流体の相変化を伴う場合もある．

一例として，図2.46のように，温度 T_f の高温流体が温度 T_s の低温固体壁（冷却壁）に沿って流れているときの流体と固体壁との間の熱移動現象を考える．固体壁近傍では，流体の粘性によって流速が減少し，境界層（境膜）を形成する．境界層内の流速は遅いので静止しているものと仮定すると，流体から固体壁への伝熱量 Q は，式 (2.21) により求めることができる．

$$Q = \frac{kA(T_f - T_s)}{\delta} \tag{2.21}$$

式中，k は流体の熱伝導度，A は固体壁の面積および δ [m] はある位置での境界層の厚みである．しかし，δ は固体壁の位置や流れの状態などによって変化する変数になるので，正確な値を定めることは困難である．そこで，k/δ を h に置換すると，

$$Q = hA(T_f - T_s) \tag{2.22}$$

となり，これはニュートンの冷却法則と呼ばれる対流伝熱の基本法則である．h は熱伝達係数と呼ばれ，その単位は [W/(m²·K)] である．この熱伝達係数は熱伝導度のような物性値ではなく，流体の物性，流速，流動様式，固体壁の形状などに依存する値である．この値を理論的に導出することは困難であるので，通常，次元解析や実験結果を用いて，

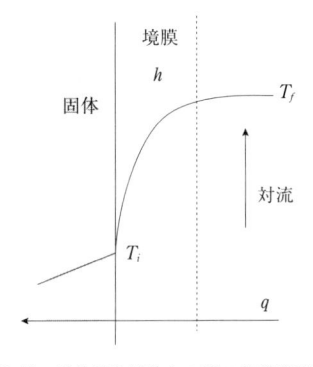

図 2.46 固体壁と流体との間の熱移動現象[6]

$$Nu = \frac{hd}{k_f}, \quad Re = \frac{du_f\rho_f}{\mu_f}, \quad Gr = \frac{g\beta d^3 \Delta T \rho_f^2}{\mu_f^2}, \quad Pr = \frac{C_{pf}\mu_f}{k_f} \quad (2.23)$$

のような無次元数の相関式として求める．式中，Nu, Re, Gr および Pr は，それぞれヌッセルト（Nusselt）数，レイノルズ（Reynolds）数，グラスホフ（Grashof）数およびプラントル（Prandtle）数と呼ばれ，対流伝熱の効果，流動状態，浮力の効果および物性を表す無次元数である．表 2.10 に，種々の対流伝熱系に対する無次元相関式を示す．式（2.23）中，d は代表長さ [m]，u_f，ρ_f, μ_f および C_{pf} は，それぞれ流体の流速 [m/s]，密度 [kg/m³]，粘性係数 [Pa・s] および定圧比熱 [J/(kg・K)] である．また，β および ΔT は，それぞれ流体の体膨張係数 [—] および温度差 [K] である．

3）放　射

すべての物質は，温度に応じて特有の電磁波を射出する．電磁波の中でも波長の長い赤外線は熱放射線とも呼ばれ，この熱放射線が物体に到達すると，吸収，反射あるいは透過し，吸収された場合，物体を加熱する作用がある．温度の異なる 2 つの物体がある場合，この熱放射線を通じて，総体的に高温物体から低温物

表 2.10　種々の対流伝熱系に対する代表的な無次元相関式[4]

伝熱系	相関式	適用範囲
1．円管内の発達した層流の強制対流伝熱	$Nu = 1.86 Re^{1/3} Pr^{1/3}$ $\times (d/L)^{1/3} (\mu/\mu_w)^{0.14}$	$Re \leq 2.1 \times 10^3$
2．円管内の発達した乱流の強制対流伝熱 $(L/d \geq 60)$	$Nu = 0.023 Re^{0.8} Pr^{0.4}$	$0.7 \leq Pr \leq 120$ $10^4 \leq Re \leq 1.2 \times 10^5$
3．平板上の発達した乱流の強制対流伝熱	$Nu = 0.036 Re^{0.8} Pr^{1/3}$	$0.6 \leq Pr \leq 400$
4．単一球外面の強制対流伝熱	$Nu = 2.0 + 0.6 Re^{0.5} Pr^{1/3}$	$1 \leq Re \leq 7.0 \times 10^4$
5．垂直平板上の自然対流伝熱（層流）	$Nu = 0.555 (Gr \cdot Pr)^{1/4}$	$10^4 \leq Gr \cdot Pr \leq 10^8$
6．同上（乱流）	$Nu = 0.129 (Gr \cdot Pr)^{1/3}$	$10^8 \leq Gr \cdot Pr \leq 10^{12}$
7．水平正方平板上の自然対流伝熱（上向加熱面，下向冷却面，層流）	$Nu = 0.54 (Gr \cdot Pr)^{1/4}$	$10^5 \leq Gr \cdot Pr \leq 2.0 \times 10^7$
8．同上（乱流）	$Nu = 0.14 (Gr \cdot Pr)^{1/3}$	$2.0 \times 10^7 \leq Gr \cdot Pr \leq 3.0 \times 10^{10}$
9．同上（下向加熱面，上向冷却面，層流）	$Nu = 0.27 (Gr \cdot Pr)^{1/4}$	$3.0 \times 10^5 \leq Gr \cdot Pr \leq 3.0 \times 10^{10}$
10．水平円管外面の自然対流伝熱	$Nu = 0.53 (Gr \cdot Pr)^{1/4}$	$Gr \cdot Pr \leq 10^8$

注　1）1 の μ_w は壁温に対する値を示す．2）1～10 において流体の物性値は，境膜平均温度＝（壁温＋流体主流温度）/2 における値を用いる．3）代表長さ d は，1, 2 では管内径，3, 5～9 では平板長さ，4 では球径，10 では管外径とする．

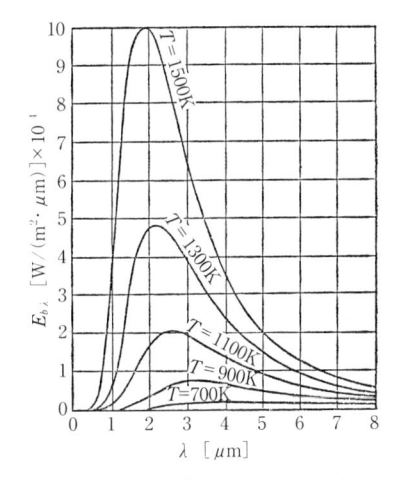

2.3 環境に調和したエネルギー利用

図 2.47 黒体の単色放射エネルギーの温度依存性[4]

体へ熱が移動し，この現象を放射伝熱と呼ぶ．この伝熱機構は，唯一，媒体物質を必要としない熱移動現象であり，すなわち，真空内でも熱移動することができ，熱伝導や対流伝熱とは根本的に異なる．

さて，あらゆる物体は，その物体の温度が絶対零度でなければ，電磁波を吸収するとともに射出する．ここで，ある温度 T [K] の物体があり，その物体が入射する熱放射線のすべてを吸収できる物体であるとき，それを黒体と呼ぶ．いま，黒体壁を有する真空空洞内にそれと温度が等しい黒体片があるとき，両者の温度は等しいので，黒体片の吸収するエネルギーは黒体片から射出するエネルギーと等しくなければならない．これをキルヒホッフの法則と呼ぶ．よって，黒体は，完全吸収体である一方，完全射出体であるともいえる．太陽から射出される光が単一の波長の光ではないように，この黒体から射出される光も連続光と呼ばれる光である．黒体から射出されるエネルギー量の波長分布は，プランクの法則によって与えられ，図2.47のような分布を呈する．図中，$E_{b\lambda}$ は，単色黒体放射エネルギーと呼ばれている．本図より，ある温度におけるエネルギー分布には最大値が存在しており，その最大値は物体の温度が高くなるに従って短波長側に移動している．この最大エネルギーを呈する波長（λ_{max}）と物体の温度との間には，次式のような関係があり，これをウィーン（Wien）の変移則と呼ぶ．

$$\lambda_{max} T = 2897.6 \quad [\mu\mathrm{m \cdot K}] \tag{2.24}$$

次に，このような黒体から放射されるエネルギー（$E_{b\lambda}$）を全波長域にわたって積分すると，

$$E_b \int_0^\infty E_{b\lambda} d\lambda = \sigma T^4 \tag{2.25}$$

となり，これをステファン-ボルツマン（Stefan-Boltzmann）の法則と呼ぶ．式中，E_b は黒体放射エネルギー［W/m²］，σ はステファン-ボルツマン定数 $[5.675 \times 10^{-8} \text{W}/(\text{m}^2 \cdot \text{K}^4)]$ である．このように，放射伝熱を考える場合に重要なことは，放射伝熱のみ物体の絶対温度の4乗に関係することである．

2つの実在物体間における放射伝熱を考える場合は，対流伝熱で述べたニュートンの冷却法則と同様な形式で表す場合もある．しかし，より正確には，次式となる．

$$Q = h_r A(T_1 - T_2) = \phi A \sigma (T_1^4 - T_2^4) \tag{2.26}$$

表 2.11 各種物質の射出率[4]

物　質	状　態	温　度 [K]	射出率 [-]
アルミニウム	普通研磨面	296	0.04
	粗　面	299	0.055
黄　銅	高度研磨面	531～651	0.033～0.037
銅	普通研磨面	373	0.052
	873 K 酸化面	473～873	0.57
鉄	普通研磨面	373	0.066
	圧延鋼板	294	0.66
鉛	灰色酸化面	297	0.28
白　金	純粋研磨面	500～901	0.054～0.104
ステンレス鋼	8 Ni-18 Cr, 粗面	489～763	0.44～0.36
	20 Ni-25 Cr, 酸化面	489～800	0.90～0.97
タングステン	フィラメント（長期使用）	300～3593	0.032～0.39
氷		273	0.96
炭　素	フィラメント	1313～1679	0.526
	粗面板	373～773	0.77～0.72
	ランプブラックの厚層	293	0.97
石　英	粗　面	294	0.93
アスベスト	板　状	296	0.96
セラミック	アルミナ質	533～1089	0.93～0.44
ケイ石レンガ	うわ薬あり，粗面	1373	0.85
耐火レンガ	マグネサイト	1273	0.38
セッコウ	平滑面	294	0.90
油性ペイント	16種，各種の色	373	0.92～0.96

式中，h_r を放射熱伝達係数 [W/(m²·K)]，ϕ を総括吸収率 [—] と呼ぶ．ここで，ϕ は物体間の位置関係（角関係と呼ばれる），物体の面積および物体の表面光物性（射出率と呼ばれる）からなる指標である．表2.11に，各種物質の射出率を示す．射出率が1である物体が黒体であり，この射出率も波長依存性がある．表より，研磨した金属面の射出率は低く，見ため上黒っぽい物質の射出率は1に近い．ただし，氷に関しては，熱放射線の波長に関しては射出率が1に近く，氷が融ける現象は対流のみならず放射伝熱も寄与する．

e．エネルギー変換プロセスにおける化学反応

われわれが利用している電気エネルギーを生産するためのシステムの多くは，まず，油，天然ガス，石炭などの化石資源を燃焼させて，化学エネルギーを熱エネルギーに変化させる．その後，得られた熱エネルギーは，蒸気タービンによって機械エネルギーに変換され，この機械エネルギーは発電機によって電気エネルギーに変換される．このような一連のプロセスはボイラーと呼ばれている．このシステムを熱力学的に考えると，燃焼によって生成するガスが高温，高圧であればあるほど，仕事エネルギーである機械エネルギーを取り出すことができる．すなわち，エネルギーの質に関するポテンシャルを示すエクセルギーは高くなる．化石資源を燃焼させてこのような高温，高圧のガスを得る場合に重要となる項目の一つは，反応速度である．しかし，これまで利用してきた熱力学は，その性質上，変化する前と変化した後の状態の差異を定量的に示す道具でしかなく，変化がどれくらいの速さで進行するかという速度論を考えることはできない．本項では，反応速度論の基礎事項を以下に概説することとする．

化学反応は次式のように表し，この式のことを量論式と呼ぶ．

$$a\mathrm{A} + b\mathrm{B} \longrightarrow c\mathrm{C} + d\mathrm{D} \tag{2.27}$$

上式は，原料成分であるAとBが反応して生成物成分であるCとDを生成すること，ならびに，反応することによって生じるこれらの反応成分に関する変化量の比が a，b，c および d という化学量論係数に等しいことを意味している．いま，任意の反応成分 j に対する反応速度 R_j とは，反応成分混合物の単位体積，単位時間に増加する成分 j の物質量と定義する．すべての反応成分が気体のみあるいは液体のみである均一反応の場合，この R_j の単位は [mol/(m³·s)] となる．なお，固気反応のような固体が関与する場合は，固体の質量基準で考えた方

が便利であるので，R_jの単位は[mol/(kg·s)]を採用し，一方，気液反応の場合は，気体と液体が接触している界面積を基準にしたり，液容積を基準にしたりして，その単位はそれぞれ[mol/(m²·s)]および[mol/(m³·s)]を用いる場合が多い．

式(2.27)の反応の場合，それぞれの成分について反応速度が定義できる．しかし，成分間には量論の関係があるので，通常，着目成分の反応速度に着目する．着目成分をAとした場合，各成分の反応速度には次式のような関係が成立する．

$$-R_A = -\frac{a}{b}R_B = \frac{a}{c}R_C = \frac{a}{d}R_D \tag{2.28}$$

さて，この着目成分の反応速度は，どのような関数系で表すことができるであろうか．一般的には，次式のようなべき乗の積の形で表示する場合が多い．

$$-R_A = k_c C_A^m C_B^n = k_p p_A^{m'} p_B^{n'} \tag{2.29}$$

式中のC_AおよびC_Bは，それぞれA成分およびB成分の濃度[mol/m³]を示し，p_Aおよびp_Bは，それぞれA成分およびB成分の分圧[Pa]を示す．mおよびnあるいはm'およびn'は，A成分およびB成分に対する反応次数であり，反応全体の反応次数は$(m+n)$次あるいは$(m'+n')$次であるという．この反応次数は，通常，実験的に求めるものであり，式(2.27)の場合，m, nあるいはm', n'とAおよびB成分の量論係数であるa, bとは一致しない．ただし，式(2.27)の反応が素反応の場合，反応に関与する物質はAおよびB成分の分子そのものであるので反応次数と一致する．

一方，式(2.29)中のkは反応速度定数と呼ばれ，一般に温度だけの関数であり，その単位は反応次数に依存する．反応速度定数は，経験的に得られたアレニウス(Arrhenius)式と呼ばれる次式で表すことが多い．

$$k = A \exp\left(-\frac{E}{RT}\right) \tag{2.30}$$

ここで，Aは頻度因子(単位は反応次数に依存)，Eは活性化エネルギー[J/mol]，Rは気体定数(=8.314 J/(mol·K))，Tは絶対温度[K]である．頻度因子と活性化エネルギーを実験的に求める際には，反応温度を変化させて実験を行い，それぞれの温度における反応速度定数を求め，図2.48のようなアレニウスプロットを作成する．本図より，その傾きから活性化エネルギーが，y切片か

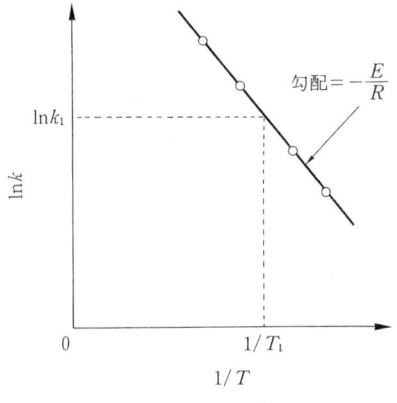

図 2.48 アレニウスプロット[6]

ら頻度因子がそれぞれ求まる．なお，反応速度の求め方に関しては，装置，反応の種類などに依存するので，詳細は反応工学の成書を参照されたい．

f．エネルギー変換過程に伴う環境負荷

化石資源を利用してエネルギー変換する場合，多かれ少なかれさまざまな環境負荷を与える．また，太陽光や風力などの自然エネルギーを利用しているといっても，エネルギー変換を行う装置を製造するためには，さまざまな資源を消費しているとともに，化石資源由来のエネルギーも利用せざるをえない．後者に関しては，ライフサイクルアセスメント（life cycle assessment：LCA）という評価法があり，詳細に関しては，3.1.c 項を参照されたい．

さて，エネルギー変換プロセスを考える場合，環境負荷を与える物質として，窒素酸化物，硫黄酸化物，塩化水素ガス，微量有害成分を含む煤塵などがあげられる．これらの各物質が局所的に影響を与えると公害問題などの地域環境問題を引き起こす．しかし，近年，地域環境問題にとどまらず，温暖化，酸性雨，オゾン層破壊のような地球規模の環境問題にまで発展している．

1）環境汚染物質の生成機構とその制御

前述したように，エネルギー生産プロセスの主力は，化石資源の燃焼反応を利用している．どのような化石資源であっても，それを空気で燃焼させる場合，窒素酸化物が生成する．一般的に，窒素酸化物のことを NO_x と称しており，通常，NO および NO_2 のことを指す．なお，近年，地球温暖化ガスである N_2O を

含めてNO_xと称する場合もある．このNO_xの生成源は，石炭や廃棄物の場合，燃料中の窒素であり，また，燃料中に窒素を含んでいない天然ガスの場合は，空気中の窒素である．前者をフューエルNO_x，後者をサーマルNO_xと呼ぶ．このNO_xの生成機構は，温度，酸素濃度，過剰空気割合（空気比），燃料種，装置構造などに依存し，その反応機構は単純ではなく，多種の中間化学種（ラジカル）が介在する複雑な反応系である．詳細なNO_x生成機構に関しては，燃焼工学の専門書を参照されたい．一方，このNO_xを抑制する方法には，燃焼炉内で対応する炉内脱硝法と脱硝剤としてアンモニアを添加したり，あるいは脱硝触媒と併用する排煙脱硝法がある．炉内脱硝法は，燃料を供給するバーナー構造を調整し，バーナー近辺で高温の還元雰囲気を形成させて生成したNO_xをN_2まで還元する方法が一般的である．後者の排煙脱硝法は，脱硝触媒が機能する適切な温度の排ガスへアンモニアガスを供給し，触媒の力を借りてアンモニアによりNO_xをN_2まで還元する方法がある．なお，ガソリンエンジンなどから生成するNO_xに関しては，アンモニアのかわりに排ガス中に含有しているCOを利用し，3元触媒という特殊な触媒へ排ガスを通して脱硝を行っている．アンモニアを利用した総括的な脱硝反応は次式である．

$$4NO + 4NH_3 + O_2 \longrightarrow 4N_2 + 6H_2O$$
$$NO + NO_2 + 2NH_3 \longrightarrow 2N_2 + 3H_2O \quad (2.31)$$
$$2NO + CO \longrightarrow N_2 + CO_2$$

硫黄酸化物はSO_xと称されており，SO_2およびSO_3のことを指す．このような硫黄酸化物を生成する化石資源は，石炭，重油，産業廃棄物などであり，通常，天然ガスには含まれていない．よって，SO_xの起源は燃料由来であり，燃料中の硫黄が酸素と反応してSO_xとなる．SO_xの排出を抑制する場合も炉内脱硫と排煙脱硫の2方式がある．しかし，NO_xの抑制とは異なり，SO_xを還元してもSO_2と生成ガス中の水蒸気との反応でH_2Sという有害ガスが生成してしまうので，炉内還元という方法は適さない．そこで，一般的な炉内脱硫法は，炉内へカルシウム源を供給する．一般的に使用されているカルシウム源は石灰石であり，以下のような反応によってSO_2を固定し，石膏として排出する．

$$CaCO_3 \longrightarrow CaO + CO_2$$
$$CaO + SO_2 + \frac{1}{2}O_2 \longrightarrow CaSO_4 \quad (2.32)$$

ただし，この反応は，最適温度が約 850°C 程度であり，より高温で燃焼させる場合には適さず，その場合は，排煙脱硫法を採用する．この排煙脱硫法には，湿式法，半乾式法および乾式法の3種類がある．どの方法もアルカリ金属あるいはアルカリ土類金属である Na, Ca や Mg 系の化合物を SO_x の吸収剤として利用している．わが国では，湿式法が主流である．しかし，水源に乏しい国々では乾式法あるいは半乾式法が適するものの，吸収効率は若干劣る．湿式法の主流である石灰スラリー吸収‐石膏回収法の基礎化学反応は次式であり，生成する物質は石膏である．

$$CaCO_3 + SO_2 + \frac{1}{2}H_2O \longrightarrow CaSO_3 \cdot \frac{1}{2}H_2O + CO_2$$
$$CaSO_3 \cdot \frac{1}{2}H_2O + \frac{1}{2}O_2 + \frac{1}{2}O_2 + \frac{3}{2}H_2O \longrightarrow CaSO_4 \cdot 2H_2O \tag{2.33}$$

煤塵に関しては，重油，石炭，廃棄物などの液体や固体燃料を利用する場合に発生する．しかし，ガス燃料であっても操作条件によってはすすが生成してしまい，黒煙と呼ばれる炭素粒子が煤塵として排出される場合がある．一般的に，燃焼装置では，発生した煤塵を電気集塵器やバグフィルタなどで除塵する．しかし，このような集塵装置であっても 1 μm 以下のサブミクロン粒子の場合には除塵効率が落ち，大気中へ排出される可能性がある．近年，この煤塵に関しては，サブミクロン粒子自身が有する生態への有害性，燃料中に存在する比較的揮発しやすい重金属類のサブミクロン粒子への濃縮ならびにダイオキシン類の生成という3つが懸念されている．

2) 地球環境問題の発生機構

主な地球環境問題は，酸性雨，オゾン層破壊および地球温暖化である．

酸性雨に関しては，pH で5以下になる場合を指し，その原因は，NO_x や SO_x の溶解による．

オゾン層破壊と地球温暖化は，さまざまな環境汚染物質と太陽光との相互作用によって生じる．オゾン層破壊の起因物質には，冷媒であるフロン類（CFC）が知られており，以下のようなラジカル連鎖反応によって生じる．

$$\begin{aligned} CFC &\xrightarrow{h\nu} Cl + others \\ Cl + O_3 &\longrightarrow ClO + O_2 \\ ClO + O &\longrightarrow Cl + O_2 \end{aligned} \tag{2.34}$$

この反応には，分子を分解できる程度の高いエネルギーが必要になるので，290～320 nm という紫外線領域の光が関与する．いわば，オゾン層は，紫外線を吸収することにより分解し，それによって地表面への紫外線放射量を抑制していることになり，さらにオゾン層が減少する状況になれば，地表面への紫外線量が高くなり，皮膚癌のように生体分子へ直接影響を及ぼす可能性がある．

一方，温暖化は，分子を分解することができる短波長の光というよりは，むしろ吸収されて分子を熱振動させる程度の波長の長い光，すなわち赤外線が寄与する．この機構は，式 (2.24) のウィーンの変移則を用いれば理解できる．いま，地表の温度を 300 K と仮定すると，式 (2.24) より，地表から射出される光の最大波長は，

$$\lambda_{max} = \frac{2897.6}{T} \approx 10 \quad [\mu m] \qquad (2.35)$$

となる．この波長は，遠赤外線領域の光であり，分子を分解するほどのエネルギーレベルではないが，吸収されて分子を熱振動させることができる熱放射線である．よって，この遠赤外線を吸収しやすい二酸化炭素，メタン，亜酸化窒素（N_2O）などは，吸収した光エネルギーを熱エネルギーに変換し，大気温度を上昇させることになる．

g．新エネルギーの利用

近年，化石エネルギーの有限性の認識が深まることにより，さまざまな新エネルギーの開発や利用技術が注目され始めている．近年，注目されている新エネルギー源として，廃棄物，バイオマス，風力，バイオメタン，メタンハイドレイト，太陽エネルギーなどがある．前者4つに関しては，前述したように，賦存が希薄で地域性，変動性がある．よって，時間変動を考慮した地域エネルギー社会システムの構築が必要となる．なお，バイオメタンに関しては，生成の際，水を含有した嫌気性発酵により生成させるものであることから，水処理に要するエネルギーとの兼ね合いも注視する必要がある．メタンハイドレイトに関しては，採掘調査が始まったばかりであり，賦存量は期待されているものの，まだまだ未知なエネルギー源である．最後の太陽エネルギーに関しては，時間的・空間的に太陽エネルギー密度の高い砂漠地域において太陽光発電を行い，この電気エネルギーで水を電気分解し水素を生成させる試みがある．さらに，この水素と二酸化炭

素によりメタノールを製造することも検討されている．なお，この水素は，燃料電池の燃料になりえ，しかも環境汚染物質や炭素を含有していない燃料であることから，次世代燃料として着目されている．ただし，爆発性が高い燃料であり，その安全な取り扱いを含め検討されつつある．

演習問題

1. 将来のエネルギー利用形態について議論せよ．
2. エネルギー変換プロセスを列挙し，その原理を考察せよ．
3. エネルギー効率とエクセルギー効率との違いは何か．
4. 魔法瓶と称されている水筒の断熱性が高い理由について，伝熱に関する3つの機構から考えよ．
5. 各自が使用している実験装置の熱収支を計算してみよ．
6. ウィーンの変移則を用いて，太陽の表面温度を推算せよ．
7. さまざまな環境対策技術を列挙し，その基本原理を説明せよ．
8. 新エネルギーの賦存量を調査せよ．

引用文献

1) メドウス，D.H.他著，大来佐武郎監訳：成長の限界，ダイヤモンド社，1972．
2) (財)省エネルギーセンター：エネルギー管理員講習テキスト，2000．
3) 小島和夫：エネルギーとエントロピーの法則，培風館，pp.81-86，1997．
4) 化学工学会編：新版化学工学―解説と演習―，槙書店，pp.67-78，1993．
5) 架谷昌信他著：燃焼の基礎と応用，共立出版，pp.283-284，1988．
6) 化学工学会編：基礎化学工学，培風館，p.41，255，1999．

3

未来創造型循環型社会

3.1 循環型社会とは何か

a．循環型社会の基本的考え方
1）大量廃棄型社会から循環型社会へ

これまで人類は大量生産・大量消費・大量廃棄型の社会システムのもと，地球の有限性を考慮することなく大量の資源・エネルギーを消費し，大量の環境負荷物質を排出してきた．しかしながら，今日のさまざまな地球環境問題や廃棄物問題が深刻となるにつれて，持続可能な発展を遂げるための新たな生産消費システムや社会経済システムへの転換が求められている．その新しい社会システムの中心となるのが循環型社会である．循環型社会とは狭義では再利用・再資源化などによって廃棄物を社会へ放出させない社会であり，広義では省資源・資源循環により資源・エネルギーの生産性（ある生産物を生産させるのに投入される資源・エネルギー量）を向上させて，持続可能な発展を実現する社会であるといえよう．

循環型社会の目的には2つの側面があると考えられる．一つは環境負荷低減であり，もう一つが資源・エネルギーの有効利用である．

環境負荷低減に関して，これまでの環境対策は人間活動から排出される環境負荷物質を処理するエンドオブパイプ（end of pipe）技術の開発に主眼がおかれていた．しかしながら，エンドオブパイプ技術だけでは次から次へと発見される新しい環境負荷物質（たとえばダイオキシン類や内分泌攪乱物質）や大量に排出される廃棄物に対処しきれなくなっている．このような出口側の対策だけでは限界があるため，入口側の対策，つまり環境負荷そのものを出さない仕組みが必要で

3.1 循環型社会とは何か

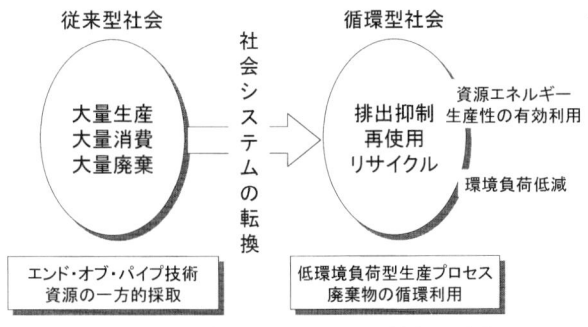

図 3.1 大量廃棄型社会から循環型社会への転換

ある．また，資源・エネルギーの有効利用に関しても，これまでの化石燃料，鉱物資源の一方的な採取ではなく，資源の循環利用や廃熱（有効利用されずに捨てられる熱，たとえばゴミ焼却施設において熱利用率は低く，ほとんどが未利用のまま放出されている）の有効利用などが求められている．

これら環境負荷低減と資源・エネルギーの有効利用は独立して考えられるものではなく，お互いに密接な関係を持っている．廃棄物の再利用によって環境負荷が低減すると同時に，バージン資源の消費が節約される．また，廃棄物の排出が

持続可能な発展とアジェンダ 21

◆

1992 年リオデジャネイロで開かれた国連環境会議（通称：環境サミット）において採択された，持続可能な発展を目指した行動計画のことをアジェンダ 21 (Agenda 21) という．同計画は次の 4 つのセッションから成り立つ．現在さまざまな分野でアジェンダ 21 に基づいた行動計画が策定されている．

1. 途上国における持続可能な開発を促進するための国際協力と関連国内政策，貧困の撲滅や人口問題など
2. 開発資源の保護と管理，陸上資源，森林，生物多様性，海洋など
3. 同計画の実施に果たす女性，子供と若者，先住民，NGO，地方政府の役割，労働者と労働組合，商業と工業，コミュニティの役割，農民の役割
4. 同計画実施のための資金メカニズム，技術移転，国際協力，教育

少ない新たな生産プロセスの開発によって，廃棄物処理への資源・エネルギー投入が低減する．つまり，循環型社会を構築するということは，社会生活で必要とする各種機能を提供するシステムを維持しつつ，高い資源・エネルギーの生産性と，低環境負荷型の社会を実現することであり，これは持続可能な社会を構築することと同じである（図3.1）．

2) 3つのR

循環型社会を実現するための対策・技術はリデュース（reduce），リユース（reuse），リサイクル（recycle）の3つに分けることができ，これらを3つのRと呼ぶ．

(1) リデュース：新しい生産プロセスの開発によって，廃棄物の排出を低減すること．焼却や乾燥によって廃棄物を減容化することも含まれる．

(2) リユース：廃棄物をそのままもしくはあまり手をかけずに再使用すること．たとえば，回収したガラス瓶を洗浄後に再び使うなど．

(3) リサイクル：廃棄物を再資源化すること．たとえば回収したガラス瓶を粉砕後，再びガラス瓶に成型したり，道路舗装材として使用するなど．

さらに，これら3つのRのほかに使用済み製品・部品を修理して再使用するリペアー（repair），廃棄物を再使用，再利用しやすいように分別・分解するリファイン（refine），廃棄物となる製品を受け取らないリフューズ（refuse）な

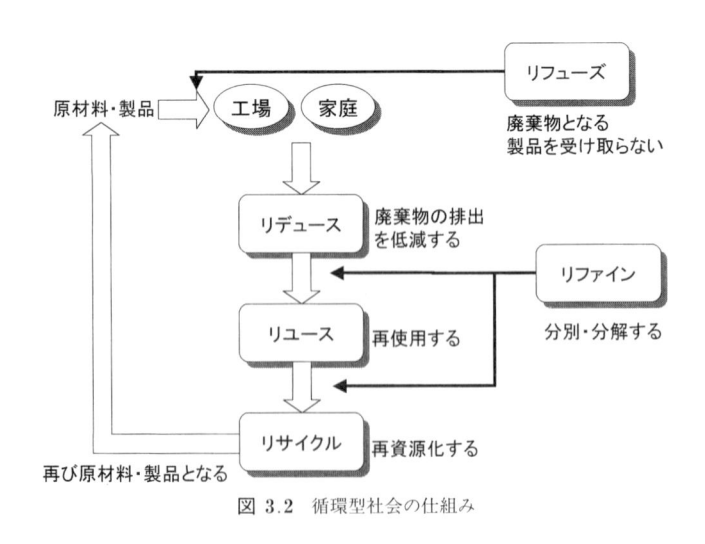

図 3.2 循環型社会の仕組み

どがある（図 3.2）．

3) わが国における廃棄物発生・処理の現状

わが国では廃棄物の種類は，家庭から出るゴミである「一般廃棄物」と工場から出るゴミの「産業廃棄物」の2種類に分けられる．一般廃棄物には家庭から出るゴミだけでなく，オフィスや飲食店から発生する事業系ゴミやし尿も含まれる．

(1) 一般廃棄物（図 3.3）

一般廃棄物のゴミ排出量は 1997（平成 9）年度で 5120 万トンであり，1人1日あたりの排出量は 1.1 kg となる．ゴミは地方自治体が収集しており，ゴミに関するデータは各自治体が集めたデータを厚生省が集計している．

家庭から出るゴミの大部分は厨芥類（台所からの生ゴミ），容器包装材として使われる紙類・プラスチック類であり，これらのゴミに対する対策が求められている．

1997年度においてゴミの中で分別収集や中間処理により資源化された量は 335 万トン，住民団体などによって資源回収された集団回収量は 252 万トンである．両者を合わせた量をリサイクル量とすると，リサイクル量は 587 万トンであり，ゴミの総処理量と集団回収量の和とリサイクル量の比であるリサイクル率は 11.0％となる．

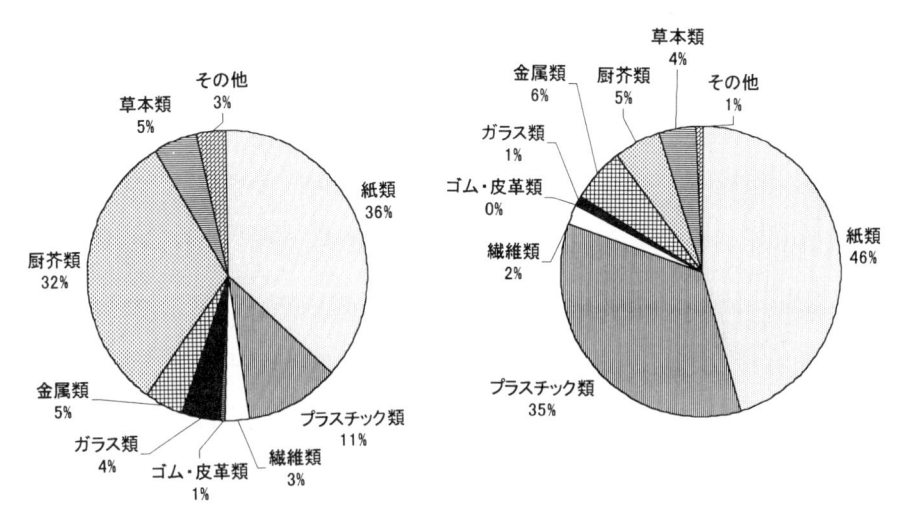

図 3.3 家庭ゴミの重量別（左），容積別（右）内訳[1]

また，ゴミの減量処理率は91.4%であり，その内訳は直接焼却率が78.0%，資源化などの中間処理率が13.4%である．日本は国土面積が狭いため，焼却による減容化が主流を占めていた．残りが直接埋め立てされるゴミであるが，その直接埋め立て率はここ数年減少傾向にあり，8.6%である．最終処分場の残存容量は1億6431万m³，残余年数は11.2年となっている．これは前年度に比べ残存容量で8.7%増，残余年数で1.8年増加した値となっている．近年のゴミ問題に対する意識の高まりから最終処分場の残存容量は改善されつつある．しかしながら，住民運動などにより新たな処分場の着工が難しいことから，今後とも最終処分量の削減が求められる．

(2) 産業廃棄物

産業廃棄物は各企業が処分しているため，その実態がわかりにくい．そのために，都道府県が各事業者にアンケート調査などを行い，それを厚生省が集計することにより産業廃棄物の実態を明らかにしている．

全国の産業廃棄物の総排出量は1997年度で約4億1500万トンであり，これは一般廃棄物の約8倍にあたる．産業廃棄物の内訳を見ると，業種別排出量は上位6業種（農業，電気・ガス・熱供給・水道業，建設業，パルプ・紙・紙加工品製造業，鉄鋼業，鉱業）で総排出量の約8割を占める．また，種類別排出量は上位3品目（汚泥，動物のふん尿，がれき類）で総排出量の約8割を占める（図3.4）．

再生利用量，減量化量および最終処分量の比率は，前年度とほぼ同じであり，再生利用量が約1億6900万トン，減量化量が約1億7900万トン，最終処分量が

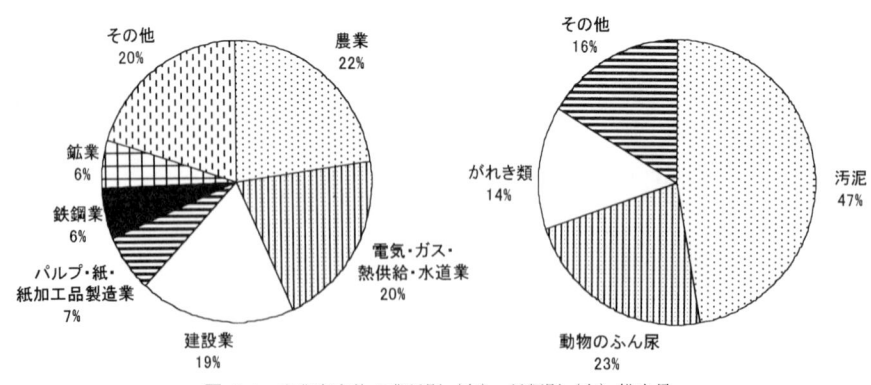

図 3.4 産業廃棄物の業種別（左），種類別（右）排出量

約6700万トンとなっている．つまり，排出された産業廃棄物の41%が再生利用され，16%が最終処分されている．最終処分場の残存容量は全国で2億1004万m^3(対前年237万m^3増，3.1年分)となっており，こちらも一般廃棄物同様に最終処分量の削減が求められている．

b．リサイクルとは

リサイクルは循環型社会を構築するための一つの手段である．リサイクルによって，これまで廃棄物として最終処分されてきた物質を資源・エネルギーに変換することによって最終処分量も減らせ，新たな資源・エネルギーを消費しないという効果がある．しかしながら，リサイクルをするために資源・エネルギーを投入しなければならない面もあり，リサイクルの導入には十分注意が必要である．

1) リサイクルの種類

リサイクルはその形態によりマテリアルリサイクル (material recycle)，ケミカルリサイクル (chemical recycle)，サーマルリサイクル (thermal recycle) の3つに分類することができる．

(1) マテリアルリサイクル：廃棄物を再資源化すること，一般的にリサイクルという場合，マテリアルリサイクルを指す．

(2) ケミカルリサイクル：廃棄物を再資源化して，化学産業の原材料としてリサイクルすることを示す．マテリアルリサイクルの一種である．たとえば，ペットボトルを油化して，その原料であるモノマーを得ることが該当する．

(3) サーマルリサイクル：廃棄物を焼却して熱を回収すること．未利用資源である廃棄物を二度と使えない形（焼却灰）にしてしまうという点で，リサイクルの最後の手段であるといえる．しかしながら，廃棄物の中にはリサイクルすることによって多大なエネルギーがかかる場合（さまざまな種類が混合して分離にエネルギーがかかる）もあり，そのような場合は有効な手段である．廃棄物を乾燥後にペレット状に成型させたゴミ固形燃料 (refused derived fuel : RDF) はサーマルリサイクルの一種である．

2) わが国におけるリサイクルの現状

わが国におけるリサイクル率は一般廃棄物で11%，産業廃棄物で41%となっている．これらは決して高い数字ではないが，中には高い割合でリサイクルが行われている廃棄物もある．

(1) リサイクルされる物質（表 3.1）

現在，高い割合でリサイクルされている物質が古紙，スチール缶，アルミ缶，ペットボトルである．古紙，スチール缶，アルミ缶はリサイクルしやすいため，リサイクル率も高い．これに対して，ペットボトルは容器包装リサイクル法の施行によって対象品目となっているが，リサイクルに対する取り組みが始まったばかりなので他の物質と比較してリサイクル率は低い．

これ以外にもリサイクルされている物質としてガラス瓶がある．ガラス瓶は洗浄後ガラス瓶へ再利用されたり，粉砕後にガラス瓶や道路舗装材などに再生される．

(2) リサイクルに寄与する基幹産業

廃棄物を大量に受け入れることが可能な産業として近年注目されているのがセメント産業と鉄鋼産業である．

セメントは石灰石，粘土，鉄さいを適当な割合で混ぜたものを焼成することによって作られる．セメントの原材料に含まれる元素（カルシウム，アルミニウム，ケイ素，鉄）は焼却灰に含まれているので，焼却灰からセメントを作ることができる（ただし，あらかじめ焼却灰から重金属類と塩素を除去する必要がある）．よって，廃棄物焼却灰の受け入れ先としてセメント産業は大変有力である．また，焼却灰にはダイオキシンが含まれている場合があるが，セメント作成時には高温（1350℃以上）で焼成するので，ダイオキシンはほぼ完全に分解される．

鉄鋼産業では鉄鉱石中の酸化鉄を除去する（還元する）工程が高炉（溶鉱炉）

表 3.1 主要リサイクル品（1999 年）

	排出量	リサイクル量	リサイクル率	用　途
古　紙	紙・板紙内需 3050 万トン	回収量 1705 万トン	回収率 55.9 %	再生紙，梱包材
	紙・板紙生産量 3012 万トン	古紙消費量 1690 万トン	利用率 56.1 %	
スチール缶	消費量 1269 万トン	105 万トン	回収率 82.9 %	鉄スクラップ
アルミ缶	販売量 133 億缶	回収量 170 億缶	回収率 78.5 %	アルミ再生地金
ペットボトル	生産量 33 万トン	回収量 7.6 万トン	回収率 22.8 %	繊維製品，プラスチック製品

で行われ，このときに還元剤として廃プラスチックを用いる．この方法を高炉還元法という．高炉では，鉄鉱石と一緒にコークスを投入し，コークスをガス化させ，一酸化炭素を発生させる．この一酸化炭素が鉄鉱石と化学反応し，酸化鉄の酸素を取り除く．廃プラスチックはコークスと同じ炭素材であるので，使用済みプラスチックを破砕・造粒処理後，高炉へ吹き込むことにより，コークスと同様に鉄鉱石の還元を行う．

3) リサイクルの問題点

リサイクルの導入は社会への廃棄物の排出を減少させる点で価値があるが，投入エネルギー，市場性などのさまざまな問題点もあるので注意を要する．

(1) リサイクルに投入されるエネルギー

リサイクルにはエネルギーが必要である．リサイクルに必要なエネルギーが大きければ，バージン原料を使って生産した場合よりも環境負荷が増える可能性がある．循環型社会を構築するために膨大なエネルギーをかけることは避けなければならない．

前述した3つのRの優先順位を考えた場合，まずリダクションを優先させるべきである．なぜなら，リダクションはリユース，リサイクルと比較してエネルギー負荷が少ないからである．ついでリユース，そして最後にリサイクルがくる．つまり，無条件にリサイクルをするのではなく，トータルの環境負荷や社会の必要性を考え，さまざまな手法を検討し，それでも必要な場合（たとえば社会へ与えるインパクトや最終処分場の問題，廃棄物の有害性など）はリサイクルを考えるべきである．

(2) リサイクル品の需要

近年，各地で家庭から出る厨芥ゴミを有機肥料に再資源化する取り組みがなされている．しかしながら，その有機肥料の受け入れ先がなければ，有機肥料が社会に停滞し，リサイクルが促進されない．同様の状況は古紙でも起きている．また，近年ペットボトルの分別回収が始まったが，ペットボトル回収量が処理施設の受け入れ可能量より大きくなり，処理施設での受け取りが進んでいない地域もある．

このようにただ廃棄物を再資源化するだけでなく，再生品の消費先まで考慮したリサイクルが必要である．こうした問題を解決するために制定されたグリーン購入法は，再生品の消費を促進しリサイクルシステムをサポートする法律として

注目されている．

(3) リサイクルは最後の手段

循環型社会構築において，廃棄物を再資源化するリサイクルは重要ではあるが，リサイクルをするときにも資源・エネルギーの投入が必要であること，再生品の受け入れ先が確保されていなければリサイクルシステムは機能しないことから，リサイクルは最終手段と認識すべきである．

c. 循環型社会を構築するために

循環型社会を構築するためにはさまざまなアプローチが必要である．まず，既存の製品や生産プロセスの環境負荷，資源・エネルギー消費を十分に理解することから始めるべきである．次に，それらを改善するための新しい生産プロセスや製品を開発しなくてはならない．最後に，それらを社会へ受け入れるための法体系を含んだ社会システムを整備しなくてはならない．

1) 分 析

(1) ライフサイクルアセスメント

ライフサイクルアセスメント (life cycle assessment : LCA) とはある製品，材料，プロセスの製造段階から廃棄段階までのすべての段階における環境負荷やエネルギー消費などを計算し，その製品，材料，プロセスの環境負荷を低減するための改善点を解析することである．

LCAはまず対象とする製品，材料，プロセスを決め，どの段階を範囲に含めるか設定する．対象範囲が決まれば，次に一般的にインベントリー分析，環境負荷影響評価（インパクト分析），環境負荷改善分析の3つを行う（図3.5）．

① インベントリー分析：製品などの製造段階から廃棄段階までの各段階における環境負荷，エネルギー消費を推計する．

② インパクト分析：インベントリー分析では二酸化炭素量や大気汚染物質量，固形廃棄物量を推計したが，これらを人類の死亡・疾病リスク率や生態系への影響などの指標に変換して環境影響を評価する．

③ 環境負荷改善分析：全般的な環境負荷を改善するための変更点の抽出などを行う．

(2) マテリアルフローアナリシス

LCAが個々の生産プロセスや製品を対象としたのに対して，マテリアルフロ

3.1 循環型社会とは何か

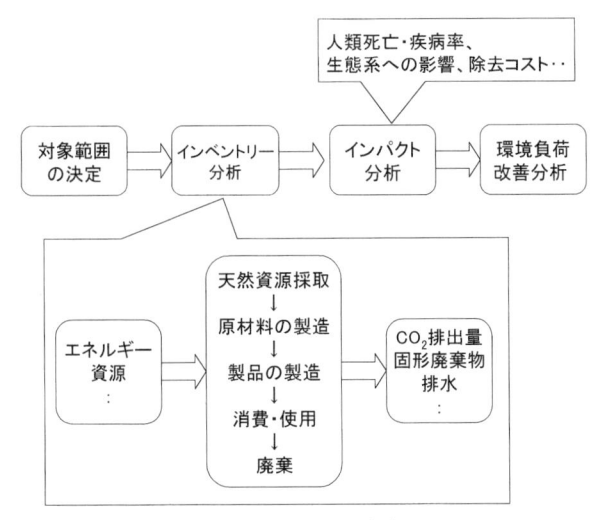

図 3.5 LCA の手順

ーアナリシス（material flow analysis：MFA）は企業，産業，地域，国家などの大きなシステムを対象とし，そのシステムにおける物質収支，つまり，投入される資源・エネルギーや産出される製品，環境負荷物質を評価する．MFA はさまざまな地域，業種あるいは元素に関して物質収支を把握することができるので，地域別あるいは産業別の比較をすることができる（図 3.6）．

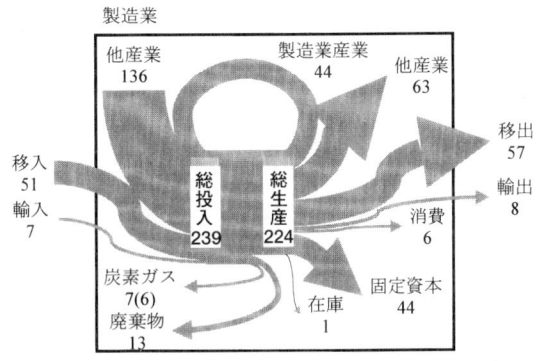

図 3.6 愛知県製造業のマテリアルフロー（単位：10^6 t）[2]
（一部の食料品，飲料・飼料・たばこは除く）

＊炭素ガス量は使用された石油・石炭量で，（ ）内はその炭素含有量より炭酸ガス量に換算したもの．

2) 製品開発

現状では排出された廃棄物を再利用することはきわめて難しい．なぜなら一般に廃棄物は単体で排出されることはなく，混合した状態で排出されるからである．混合状態の廃棄物を原材料として製品を作ると低品質の製品しかできない．よって，再生品原料として純度の高い廃棄物が求められる．そのために，廃棄物となっても回収，再利用，解体・再資源化しやすい製品が必要である．また，ある製品の寿命を長くすればそれだけ環境負荷を減らすことができることから，長寿命の製品の開発も求められている．このような製品は開発・設計段階において再利用などに有利な特徴を考慮すべきである．

製品のライフサイクルを考慮した思想に基づき，製品の設計，製造および解体・再製品化手法を確立することを目的とした考え方が「インバースマニュファクチャリング」である．インバースマニュファクチャリングの特徴を以下に示す．

(1) 長寿命である：メンテナンス（補修や部品交換）が容易．
(2) 再利用，再使用しやすい：部品数が少ない，使用済み部品を他の製品へ再利用可能，分解や洗浄が容易．

また，資源から廃棄までのライフサイクル全体を通じて，環境負荷を低減し，その特性・機能を最大とする材料は「エコマテリアル」と呼ばれる．エコマテリアルには，即応的・直接対応型（浄化機能型，対応・転換型），中期的・戦略対応型（省消費型，エネルギー転換型，エネルギー輸送・貯蔵型），長期的・展望的視点型，に分類される．エコマテリアルを用いた製品をエコプロダクツといい，そのエコプロダクツを生産するために行う材料の設計・生産から製品の製造までLCAを用いた環境負荷の評価をエコデザインともいう．

3) 法　律（図3.7，表3.2参照）

近年，資源有効利用促進法，建設資材リサイクル法，食品リサイクル法，グリーン購入法，改正省エネ法，家電リサイクル法，容器包装リサイクル法などの循環型社会構築を目指した法律が施行されている．その基本となるのが「循環型社会形成推進基本法」である．同法において，循環型社会とは次のように定義されている．

「製品等が廃棄物等となることが抑制され，並びに製品等が循環資源となった
　場合においてはこれについて適正に循環的な利用が行われることが促進され，

3.1 循環型社会とは何か

```
┌─────────────────────┐
│   循環型社会基本法    │
│  循環型社会像の明示   │
└──────────┬──────────┘
           ↓                    ╭─────────────────╮
┌─────────────────────┐         │  改正廃棄物処理法 │
│   資源有効利用促進法  │─────→ │ 廃棄物の適正な処理 │
│発生抑制・再使用・     │         ╰─────────────────╯
│リサイクルの義務化     │
└──────────┬──────────┘
           ↓
┌─────────────────┐   グリーン購入法
│ 建設資材リサイクル法│   環境製品の購入推進
│ 食品リサイクル法   │
│ 家電リサイクル法   │   ╭─────────────╮
│ 容器包装リサイクル法│   │  改正省エネ法 │
│ 特定の製品、廃棄物を対象│ │  CO₂削減     │
└─────────────────┘   ╰─────────────╯
```

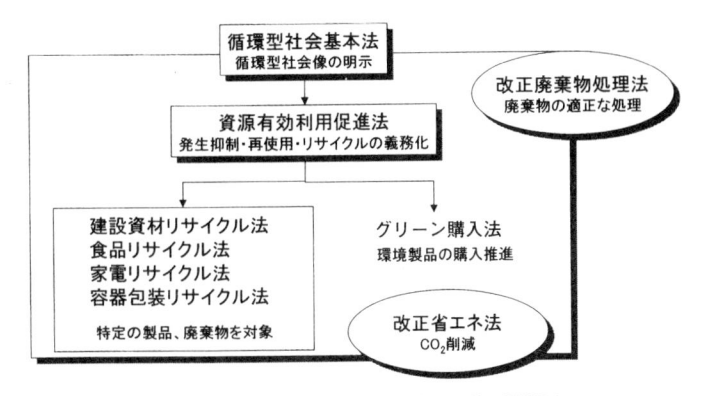

図 3.7 循環型社会を目指した各種法律の関係図

及び循環的な利用が行われない循環資源については適正な処分（廃棄物としての処分をいう）が確保され，もって天然資源の消費を抑制し，環境への負荷ができる限り低減される社会」

つまり，循環型社会は廃棄物を循環利用することにより環境負荷物質の排出を低減させ，天然資源消費を抑制する社会ということになる．この循環型社会基本法に基づいて個別法が制定されている．以下に，個別法である家電リサイクル法，容器包装リサイクル法について述べる．

(1) 家電リサイクル法

家電リサイクル法の対象である使用済み家電（テレビ，エアコン，冷蔵庫，洗濯機）は2割を自治体が粗大ゴミとして，残りの8割は販売店が回収している．これまでは，これらの使用済み家電は廃棄物として直接埋め立てられることから，埋め立て処分場の残余年数の問題が深刻となっていた．また，廃冷蔵庫についてはフロン回収（フロンはオゾン層破壊物質であり，オゾン層が破壊されると地上に到達する紫外線量が増え，生物へ影響がある）の面からも処理が問題となっていた．よって，使用済み家電のリサイクル促進のために家電リサイクル法が制定された．本法律の特徴はメーカーに再資源化処理を，小売店に回収を義務づけていることである．また，メーカーは消費者に処理費用を請求できるとし，公正な費用負担を目指している（図3.8）．

(2) 容器包装リサイクル法

この法律は一般廃棄物のうち，容量で約56%，重量で約23%を占める容器包

3. 未来創造型循環型社会

表 3.2 循環型社会をサポートする法律

	循環型社会基本法	改正廃棄物処理法	資源有効利用促進法
施行年月	2000年6月	2000年10月	2001年4月
目的	循環型社会を構築	廃棄物を適正に処理	廃棄物の発生抑制，再利用，回収を推進
特徴	・事業者と国民の義務を明示 ・事業者：廃棄物の排出抑制，適正な循環利用，循環不可資源の適正処分 ・国民：製品の長期間使用，再生品の使用，分別回収への協力，国および地方公共団体の施策への協力	・多量排出業者に対する処理計画策定の義務化 ・廃棄物処理施設の設置手続きの明確化 ・産業廃棄物処理に関する信頼性，安全性の向上 ・廃棄物処理業の許可要件の強化	・リサイクルすべき製品，分別回収のための識別の表示をすべき製品，再利用可能な副産物に対するリサイクルの目標設定 ・特定業者を定め，リサイクル率の向上を定める ・国の責務：資金の確保，科学技術振興，国民への啓蒙
	建設資材リサイクル法	食品リサイクル法	グリーン購入法
施行年月	2002年6月	2001年6月	2001年4月
目的	建設廃棄物の発生抑制や減量化，再生利用の促進	食品廃棄物の発生抑制や減量化，再生利用の促進	国などによる環境物品などの調達の推進
特徴	・分別解体および再資源化の義務づけ ・発注者による工事の事前届出や元請業者から発注者への事後報告 ・解体方法，処理費用を契約書に明示 ・解体工事業者の登録制度 ・再資源化の目標設置	・事業者および消費者は食品廃棄物などの発生の抑制，再生品の利用に努める ・国の責務：資金の確保，情報の収集活用や研究開発 ・肥料・飼料化などを行う事業者の登録制度 ・再生利用事業計画認定制度	・国などにおける調達の推進，調達方針の作成など ・環境物品などに関する情報の提供 ・事業者による情報提供 ・環境ラベルなどによる情報提供 ・国による情報提供および検討
	改正省エネ法	家電リサイクル法	容器包装リサイクル法
施行年月	2002年6月	2001年4月	1997年4月部分施行 2000年4月完全施行
目的	家電製品の省エネの推進と，二酸化炭素の排出量削減	家庭から排出される使用済み家電のリサイクルシステムの確立	家庭から排出される容器包装廃棄物のリサイクルシステムの確立
特徴	・家電製品に省エネ目標値，目標年度を定める	・製造業者は再資源化，小売業者は回収の義務を負う ・消費者は適切な費用を負担する	・消費者，自治体，事業者の役割を明示 ・消費者が分別排出 ・市町村が分別収集 ・事業者が再商品化
対象品目	エアコン，冷蔵庫，テレビ，VTR，蛍光灯器具	エアコン，テレビ，冷蔵庫，洗濯機	ガラス容器，ペットボトル，紙製容器包装，プラスチック容器包装

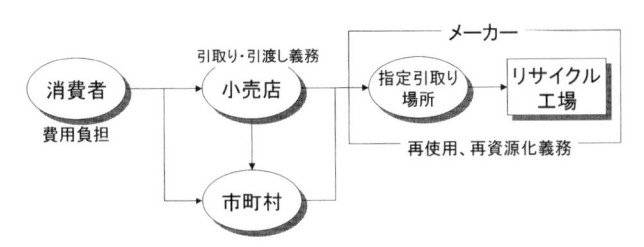

図 3.8 家電リサイクル法における消費者，小売店，メーカー，市町村の関係図

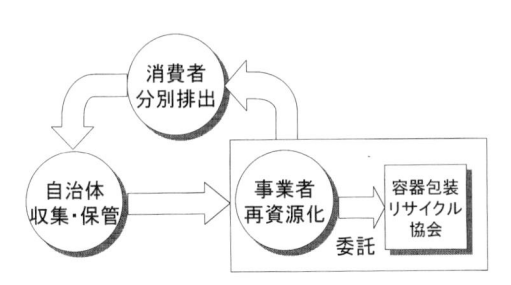

図 3.9 容器包装リサイクル法における消費者，自治体，事業者の関係図

装廃棄物の減量化・リサイクルを目指した法律である．特徴は容器・包装廃棄物にかかわる「消費者」，「市町村」，「事業者」の三者がそれぞれの立場で容器包装のリサイクルにおける役割を明らかにしたことである．つまり，消費者は分別を行い，自治体は分別回収を行い，事業者はリサイクルを行う．現実には，自治体と事業者は，第三者機関である日本容器包装リサイクル協会へ業務を委託することができる（図3.9）．

d．循環型社会を支援する概念

循環型社会のあるべき姿，目的と同様の概念（コンセプト）が数多く提案されている．いずれも大量生産・大量消費型社会から新しい社会，すなわち持続可能な社会への変換を推進することを目的としている．これらは，表現は異なっているものの，環境負荷の低減または資源・エネルギーの有効活用という点で考え方は一致しているとみなせ，それぞれのコンセプトに共通するキーワードは以下のとおりである．

表 3.3 循環型社会につながる環境コンセプト

---
1. 環境負荷を発生させない生産プロセス・素材・製品の開発
   a. クリーナープロダクション（Cleaner Production）
      1990年に国連環境計画（United Nations Environment Programme：UNEP）によって提唱された概念．1998年に採択された国際宣言によると「生産プロセス・製品・サービスに対し，継続的に総合的な汚染の予防策を実施し，経済・社会・健康・安全・環境面における利益を追求すること」とされている．つまり，生産プロセス・製品・サービスという3つの人間活動に対する環境負荷抑制，資源有効利用を促進しようとするものである．
   b. 産業エコロジー（Industrial Ecology）
      産業と環境の相互作用をライフサイクルアセスメント的手法によって評価し，持続可能な発展を目指した低環境負荷型産業社会構築を目指す考え方である．注目している製品あるいは生産プロセスに関する環境影響を評価し，それに基づき新しい製品や生産プロセスの設計を行う．産業における物質・エネルギーフローを産業物質代謝（industrial metabolism）と呼んでいる．

---
2. 資源・エネルギー生産性の向上
   a. ファクター10（Factor 10）
      持続可能な発展のためには使用するエネルギー，資源，その他の材料に対する生産性を10倍に増加させる必要があるとする考え方で，1991年にドイツのヴッパータール研究所のシュミット・ブリークらにより提唱された．生産性を測る指標としてMIPS（material input per unit service）およびCOPS（cost per unit service）を提唱している．ファクター4，ファクター20などの概念も提唱されている．
   b. エコエフィシェンシー（Eco-Efficiency）
      持続可能な発展のための世界経済人会議（world business council for sustainable development:WBCSD）が1995年に提唱した企業のための環境対策活動指針である．エコはエコロジーとエコノミーの両方を指す．少ない資源で，より多くの製品を作ることを提唱しており，ファクター10と共通する部分が多い．経営陣のリーダーシップが最も重要であり，製品の全ライフサイクルでの競争力向上が必要であるとしている．

---
3. 新しい社会経済システム
   a. ゼロエミッション（Zero Emission）
      国連大学によって1994年に提唱されたコンセプトであり，異業種間で廃棄物をやりとりする産業クラスタリングを構築することで，資源の有効活用と廃棄物の発生抑制を促す．当初は，有機質廃棄物による養豚や魚養殖，キノコ栽培など，有機質廃棄物に着目した食品産業と農畜産業の連携など途上国向けの色彩が強いコンセプトであったが，日本国内での産官学の連携によって，工業化地域への適用に向けた検討が進められている．単なる「ゴミゼロ」と誤解される場合が多いが，言葉自体は広く普及するに至っている．
   b. ナチュラルステップ（Natural Step）
      1989年にスウェーデンで設立された環境保護団体の名称であるが，同団体が提唱する概念や活動を示す場合にも使われている．自然循環システムの中に産業システムを組み込むための要素として，以下の4項目をあげている．
      (1) 地圏から採取した物質（鉱物資源）が，生物圏の中で増え続けない
      (2) あらゆる人工物質が，生物圏の中で増え続けない
      (3) 自然の循環と多様性を支える物理的基盤，特に土地利用形態を守る
      (4) 人々の基本的なニーズを満たすために，資源を公平かつ効率的に使用する
   c. サービスエコノミー（Service Economy）
      使用済み製品の循環に着目し，製品の販売から製品の持つ機能（サービス）の提供，すなわち所有権を移動せずに，機能のみを提供し，使用済みの製品はメーカーに返送される仕組みの構築を目指す．物を所有することから機能を利用することへの価値観の転換を提唱している．

(1) 環境負荷を発生させない生産プロセス・素材・製品の開発
(2) 資源・エネルギーの生産性の向上
(3) 新しい社会経済システム

近年提唱されている代表的なコンセプトを表3.3に示す．

　循環型社会を構築するための取り組みは，われわれの日常生活から工場の生産プロセス，法律など，あらゆる分野，レベルで行われなくてはならない．以下に循環型社会へ向けた取り組みをまとめる．
(1) 社会における全環境負荷，資源・エネルギーの消費を考慮して，生産・消費活動を行うべきである．
(2) 企業には再生しやすい製品，長寿命の製品の開発が求められる．
(3) 国・地方自治体，消費者，事業者が公正に負担を共有する社会システムが必要である．事業者は廃棄物の再生や新しい商品の開発を行い，消費者は分別排出などの循環システムを支援するライフスタイルを確立し，国・地方自治体は循環型社会が十分機能するような法体系を整備する．

　「循環型社会」という言葉の解釈には注意が必要である．廃棄物をリサイクルすれば環境負荷が減るという印象を受けるが，決してそうではないことを認識すべきである．そのためには製品，プロセスのライフサイクル，つまり社会全体をとらえるマクロな視点が必要である．いずれにせよ，取り組みはまだ途についたばかりであるが，時代の流れは着実に循環型社会の構築へと向いている．

日本のゼロエミッション

◆

　ゼロエミッションは，今日日本で最も広く普及している循環型社会への取り組みを示すキーワードである．特に企業における環境経営のキャッチフレーズとしてしばしば使用されている．たとえば企業ではビール，自動車，半導体，製紙の各工場などにおける取り組みが有名である．また，事業所の集合体である工業団地では山梨県国母，北九州，川崎，長野県飯田市などでゼロエミッションへの試みが行われている．

演習問題

1. あなたが住んでいる町の家庭ゴミを燃やしたときに得られる電力を計算し，その電力で町の電力の何% を賄えるかを計算してみよ．
2. 身近な製品がどのような部品から成り立っているか調べよ．次に，下の表を使って各部品の各工程における環境負荷を推計せよ．

	資源採取	原材料製造	製品製造	消費・使用	廃　棄
化石燃料消費					
鉱物資源消費					
水消費					
排ガス					
廃　水					
廃棄物					

〔解答〕

1. 以下の式に基づいて計算をする．

$$電力量 [kWh] = ゴミの量 [kg] \times ゴミの低位発熱量 [kcal/kg]$$
$$\times 発電効率 [\%] \times 変換係数 [kWh/kcal]$$

ゴミの低位発熱量はゴミの組成から以下の式より求めることができる．

$$ゴミの発熱量 = \alpha \times B/100 - 6W$$

α：可燃分の低位発熱量 [kcal/kg]，B：ゴミの可燃分 [%]，W：水分 [%]

また，以下の東京都清掃局の式からもゴミの低位発熱量を求めることができる．

$$ゴミの発熱量 = 38.0(Pa + G + T + Oc) + 50.9(Te + Ru) + 73.7Pl - 6W$$

Pa：紙類 [%]，G：厨芥類 [%]，T：木草類 [%]，Oc：その他可燃物 [%]，Te：繊維類 [%]，Ru：ゴム皮革類 [%]，Pl：プラスチック類 [%]

2. 略．

引用文献

1) 日本学術振興会未来開拓学術研究推進事業「低環境負荷・資源循環居住型システムの社会工学的実験研究」環境配慮型販売システム研究チーム：家庭系ごみ排出実態の国際比較調査報告書（第1報），p.54.
2) 後藤尚弘，内藤ゆかり，胡　洪営，藤江幸一：ゼロエミッションを目指した愛知県物質フロー解析．環境科学会誌，14(2)：211-219，2001.

3.2 産業生態工学の提案
—— 生産プロセスからの環境負荷低減を目指して ——

a. なぜ産業生態工学か？

わが国では自動車，電子機器などの工業製品を輸出して得た外貨で，次の資源，エネルギー，食糧などを輸入する加工貿易を継続してきた．輸入資源を加工する過程で製品に転換されなかった未利用物質や廃棄物，そして国内市場から排出される廃棄物が高い密度で排出され，環境に蓄積されてきたことは容易に想像できるであろう．今後もこの狭隘な国土で高密度の経済・産業活動を維持発展させるためには，安全で快適な生活環境の確保を目指して，廃水・廃棄物・排ガスなどの環境負荷を限りなく削減するとともに，将来，資源・エネルギーが十分量確保できなくなるような事態が生じたとしても，これに対応できるような生産システム，社会システムそしてライフスタイルを準備しておかなければならない．

わが国の全国土面積は約37万km^2であるが，山間地，湖沼などがその80%近くを占めており，農業を含む産業活動や居住に適した平坦地（以下，居住可能面積）は20%強にすぎない．この居住可能面積を基準とした人口密度，エネルギー消費量（石油換算で表示）および国内総生産（GDP）はドイツの3～4倍に達している（表3.4）．ただし，国民1人あたりおよびGDPあたりのエネルギー消費量（同上）ではわが国はドイツより少ない．1人あたりあるいは製品単位量あたりの廃水，排ガス，廃棄物の発生量，すなわち発生原単位がわが国とドイツ

表 3.4 国土の居住可能面積を基準とした統計値[1]

	日本	ドイツ	フランス	イギリス	アメリカ
国土の居住可能面積（万km^2） （全国土面積に対する比率）	7.93 (21%)	21.42 (約60%)	34.19 (62%)	15.55 (64%)	459 (49%)
居住可能面積基準人口密度 （人/km^2）	1583	383	171	374	58
居住可能面積基準GDP （万ドル/km^2）	4787	1103	425	899	185
居住可能面積基準エネルギー 消費量（石油換算-t/年・km^2）	5783	1563	669	1478	472
1人あたりエネルギー消費量 （石油換算-t/年・人）	3.65	4.08	3.91	3.95	8.09
GDPあたりエネルギー消費量 （石油換算-t/万ドル）	1.21	1.39	1.64	1.76	2.55

とで同程度であったとしても,上記の居住可能面積あたりの発生密度はドイツをはるかに上回っていることは疑いのない事実である.

1998年度に国民1人あたり約16.7トンのエネルギーを含む資源が消費された.内訳は再生資源1.56トンを含む国内資源が11.8トン,輸入資源が4.97トンであった.これらの資源を利用して10.56トンの財(各種製品や建築物など)が生産され,あわせて約3トンのエネルギーが消費された.生産された製品のうち約0.8トンが輸出され,逆に0.55トンが輸入された.したがって,総計10.32トンが消費または蓄積(ストック)に回されたことになる.一方,廃棄物発生量に着目すると産業廃棄物が3.18トン,し尿を含む生活系廃棄物が0.7トンであった.中間処理を経て産業廃棄物1.56トン,生活系廃棄物0.31トンが再生資源として利用されたとされており,焼却を中心とした減量化のための中間処理を経て,最終的に埋め立て処分された量は0.79トンであった.廃棄物最終埋め立て処分地の確保が重要な課題になっていることを理解していただけるであろう.これらの数値はいずれも国民1人あたりの年間値(t/年・人)である.

資源・エネルギーの生産性を向上させるとともに,環境負荷の低減と安全・快適性を確保するために,欧米追随型ではない創造的環境負荷低減対策が求められていることを理解していただけるであろう.資源小国であるわが国は工業製品の生産・輸出を今後も継続する必要があり,持続性と生活の質の向上を中心にすえた新たな教育研究分野が必要であり,これがわが国の生存戦略でもある.

b. 環境負荷低減のための考え方

資源・エネルギーの有効活用と環境負荷の低減をあわせて実現するためには,第一に個々の生産プロセスやライフスタイルでの資源・エネルギー消費削減と廃棄物などの発生抑制が必要であることはいうまでもない.排出削減がリサイクルより優先されるべきである.さらに,環境負荷の時間的・空間的・種間的ツケ回しを回避する必要がある.有害物質が環境中に蓄積し,遺伝的な障害を引き起こせば,世代を越えた被害をもたらす.次世代に残すべき資源・エネルギーを浪費することも避けなければならない.排出された廃水,廃棄物,排ガスを出口で処理することは「エンドオブパイプ」的対策と呼ぶ.処理施設の建設や運転に新たな資源・エネルギーを必要とする.家族4人の世帯では毎日約1 m^3 の下水を排出する.これを処理するために下水道が建設され,その建設費は500万円/世帯

に達する.さらに,1 m³の下水を処理するために 0.5～1.0 kWh 程度の電力を消費する.発電方式によるが,1 kWh の発電における二酸化炭素排出量は炭素換算で平均 90～100 g 程度と見積もられる.100％の下水道普及を想定すると,全国で下水処理のために毎日炭素換算で 2000～3000 トンの二酸化炭素を排出することになる.水環境保全と引き換えに資源・エネルギーを消費し,膨大な二酸化炭素を地球環境に放出している.産業廃水,排ガス,廃棄物の処理でも多量の資源・エネルギーが消費されている.われわれは日常生活や産業・経済活動による環境影響を常に考えておかなければならない.

物質保存の法則を持ち出すまでもなく,生産プロセスや日常生活からの排出を完全にゼロとすることは不可能であり,エネルギー消費をゼロとすることもできない.環境・生態の受け入れ限度を適切に評価したうえで,負荷のツケ回しを廃絶した総合的環境負荷低減対策を行うことによって,資源・エネルギーの生産性を向上させるとともに,環境負荷を低減して人類生存の持続性と安全・快適性を確保しなければならない.

c. 環境負荷低減の手法と手順

産業および地域社会での環境負荷の低減を実現するには,以下に示す3つのアプローチが考えられる.ただし,ゼロエミッション化とは上に記した目的での資源・エネルギー消費削減と環境負荷低減のための対策を指す.

(1) プロセスゼロエミッション化:個々の生産プロセスにおける現状の物質フローの解析を行い,可能な限りクローズドシステム化と廃棄物削減の検討を行う.

(2) ゼロエミッション化ネットワーク:未利用物質について排出側と受入側を結びつける再資源化技術の開発と既存技術を含めた評価を行うとともに,各生産プロセスなどにおける物質フローの解析結果に基づいて,業種内や業種を越えた生産プロセスのネットワークを構築する.あわせて,これによる環境負荷低減効果を予測・評価する.

(3) 地域ゼロエミッション化:工業生産活動に加えて,農林水産業や運輸・流通・消費などを含む人間活動による地域の物質フローの解析を行い,エミッション低減に向けたシナリオの策定とゼロエミッション化推進のためのライフスタイル,社会システムを提示し,地域全体の環境負荷低減を目指す.

産業および地域におけるゼロエミッション化の手順を図3.10に示した．産業活動における環境負荷低減の手順は，(1) 生産活動における物質・エネルギー収支の解析による未利用物質に関するデータベース構築と個々の生産プロセスにおけるゼロエミッション化の推進，(2) 情報のデータベース化と産業間における情報の共有化，(3) 低環境負荷デザインと未利用物質の原料化，有価物化による産業のクラスタリング化，(4) 産業におけるエミッション低減のインセンティブ賦与などが考えられる．

一方，地域における環境負荷低減の方策についても，地域に立地する産業については上記の手順に従うものとし，これらに加えて，(1) 地域における物質フローの解析による問題点の抽出および情報公開，(2) 地域環境負荷低減のためのシナリオ策定と実施効果の評価，(3) ゼロエミッション化シナリオの提示と住民合意形成，(4) 法体系など社会・経済システムの整備などが必要になる．

すなわち，地域のゼロエミッション化を目指すためには生産プロセスすなわち産業のゼロエミッション化に加えて，物流や消費過程における環境への負荷，すなわちわれわれの日常生活からの環境負荷にも着目する必要がある．日常生活からの環境負荷低減にはライフスタイルの変更が求められる．情報のデータベース化と公開は，住民参加による地域ゼロエミッション化シナリオの策定と合意形成に不可欠である．法体系の整備や経済的な効果についての評価および情報発信も必要となろう．

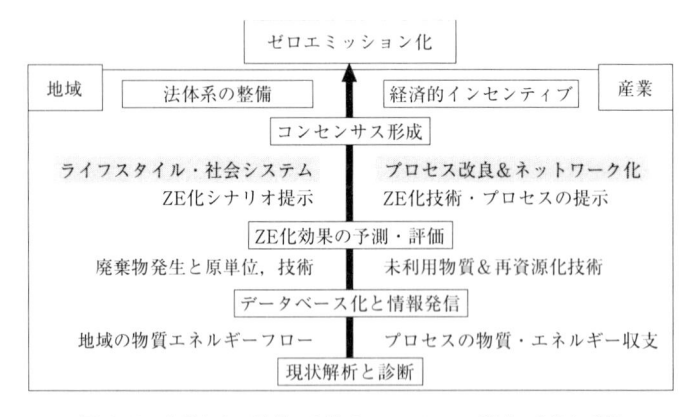

地域			産業
	法体系の整備	経済的インセンティブ	
	コンセンサス形成		
ライフスタイル・社会システム		プロセス改良＆ネットワーク化	
ZE化シナリオ提示		ZE化技術・プロセスの提示	
	ZE化効果の予測・評価		
廃棄物発生と原単位，技術		未利用物質＆再資源化技術	
	データベース化と情報発信		
地域の物質エネルギーフロー		プロセスの物質・エネルギー収支	
	現状解析と診断		

図 3.10　産業および地域におけるエミッション低減の手法と手順

d. 産業活動からのエミッション低減と環境リスク管理
1) ハザードとリスク

化学物質固有の有害性をハザードと呼ぶ．化学物質を実験用小動物に経口投与したときに，その半数が死に至る投与量（半数致死投与量，LD_{50}），化学物質を含む大気や水に暴露したときに半数が死に至る濃度（半数致死濃度，LC_{50}）などの急性毒性に加えて，発癌性，慢性毒性，感作性，生殖/発生毒性，生態毒性などで評価される．これら毒性を有する化学物質が環境中に放出されると，われわれはそれらを呼吸や食品・飲料水などを通じて体内に取り込むことによって暴露する．リスクとは「避けたい悪い影響」が起こる確率の定量的な表現であり，ハザードと「暴露の可能性」の積で与えられる．有害性の強い物質でも暴露の可能性が低ければリスクは低くなる．化学物質の危険性をリスクとして評価し，管理する考え方が取り入れられている[2]．

ここで，身近なリスクを考えてみよう．わが国における生涯リスクを表3.5に示した．生涯リスクとは一生の間に，それが原因で死に至る確率を示している．1997年度の交通事故死者は1万人を超えており，この年は10万人に8.5人が交通事故で死亡したことになり，交通事故の生涯リスクは1000人に6人，すなわち6×10^{-3}となる．水道水に含まれる発癌物質が話題になっているが，水道水を生涯飲み続けたとしたときの発癌リスクは10^{-5}程度と見積もられている．化学物質に起因する環境リスクの管理目標も10^{-5}程度とされている．環境リスク評価の結果をもとに，社会経済への影響評価を実施し，排出量の削減や代替物質への切り替えなどが促進されることになる．

2) 化学物質排出抑制のための管理制度

化学物質を有効に利用しながら環境生態あるいは生体へのリスクを回避・低減

表 3.5 わが国における生涯リスク（1997年度値）

死　因	死者数	年間死亡率	生涯リスク
交通事故	10649	8.5×10^{-5}	6.0×10^{-3}
歩行者の交通事故	2886	2.3×10^{-5}	1.6×10^{-3}
溺　死	1360	8.5×10^{-5}	7.0×10^{-4}
焼　死	1041	8.4×10^{-5}	5.9×10^{-4}
災　害	59	4.8×10^{-7}	3.4×10^{-5}
銃　器	38	3.1×10^{-7}	2.2×10^{-5}
地すべり	10	8.0×10^{-8}	5.6×10^{-6}
落　雷	4	3.2×10^{-8}	2.2×10^{-6}

するためには，化学物質の特性と利用形態，生産プロセスや社会の中でのフロー，そして環境への排出に関する精度の高い定量的な情報が求められる．産業活動などからの廃水，排ガス，廃棄物を通して水圏，気圏，地圏の環境中に排出される化学物質の量を定量的に解析あるいは予測し，そのデータベースを構築して開示するPRTR制度が平成13年度から開始されている[3]．PRTR制度とは「環境汚染のおそれのある有害な化学物質の環境中への排出量や，廃棄物としての移動量に関する目録（Pollutant Release and Transfer Register）」を作成し，化学物質の環境リスクの管理や環境情報の提供・普及を行うための一手法である．家庭や事業場における入金や出金を把握するために家計簿や経理簿が利用される．これによって，どのような費目でどれだけの出費があるかが明確になり，経費の節減に有用な情報が得られる．PRTR制度では，環境汚染を引き起こす可能性がある化学物質について，家計簿や経理簿をつけるのと同様に，事業場へのインプットとアウトプットを明確にし，これを環境管理に有用に利用しようとするものである．PRTRの仕組みは，(1) 対象となる化学物質ごとに，各排出源から大気，水，土壌に排出され，または廃棄物として移動する量を把握・収集する，(2) 把握した情報を目録やデータベースの形に整理・集計する，(3) 作成された化学物質の排出・移動量の目録やデータベースを公表し，広く一般の利用に役立てることである（図3.11）．法律によって定められたこのような化学物質管理制度に対応するためにも，工場・事業所における有害化学物質の購入，使用，非意図的も含む生成，排出を常時把握できるような環境管理システムの導入が求められている．

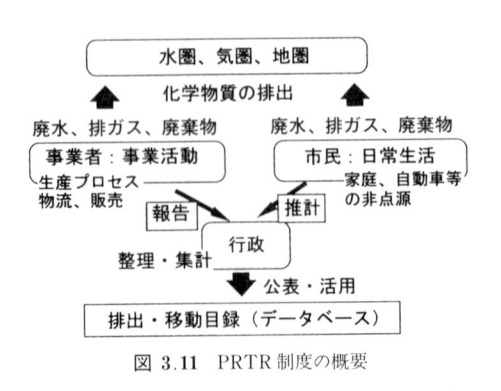

図 3.11 PRTR制度の概要

3) プロセスのクローズドシステム化

図3.12に生産プロセスから環境への汚濁負荷削減手法および手順をまとめて示した．生産プロセスからの汚濁物質の排出を抑制するためには，プロセス自体の改善による分離効率の向上および漏洩などの防止，原材料・副資材などの見直しや他のプロセスによる代替などが考えられる．環境への汚濁負荷削減効果が大きいところを優先することや，処理する立場での情報を十分に活用した対応が望まれる．

生産活動をできるだけ低下させないで，環境への汚濁負荷の排出をできるだけ低減させるためには，製造プロセスからの排出の削減および排出された汚濁物質の適切な処理に加えて，一産業における対処ばかりでなく，製品にならなかった物質を他産業での再生原材料に転換することなどによって，生産活動からのエミッション低減の達成を目指した生産プロセスネットワークの構築も必要となる．環境への負荷の低減は，生産システムの効率改善による競争力強化にもつながる．各生産プロセス自体の特性に加えて，製品に転換されずにプロセス外に排出された物質の質・量をはじめ特性を総合的に把握しておかなければならない（図3.13）．

〔手順1〕　生産プロセスにおける物質収支（図3.13参照）
　　　　　どこから，どのような廃水・廃棄物が，どれだけ廃出されるかの解明

〔手順2〕　廃水・廃棄物の廃出を抑制する運転操作の導入
　　　　　管理強化，設備改良：こぼれ，洩れ，付着などの防止
　　　　　原材料の選択：廃水・廃棄物を低減できる原材料の利用
　　　　　操作の改良：回分操作より連続操作へ，洗浄法の改良（水量，頻度，洗浄剤の見直し）

〔手順3〕　廃水・廃棄物処理方式の改善
　　　　　汚濁物質の特性解明(生物分解性，凝集性，窒素・リン含有量など)
　　　　　原水水質，放流基準などに基づく最適処理方式の選択と適切な維持管理

〔手順4〕　生産プロセスへの廃水・廃棄物処理の内包化
　　　　　冷却水，シール水の循環利用，洗浄水のカスケード利用
　　　　　廃水・廃棄物の最適処理と回収循環利用（クローズドプロセス化）の促進

図3.12 生産プロセスにおける環境負荷低減対策と手順

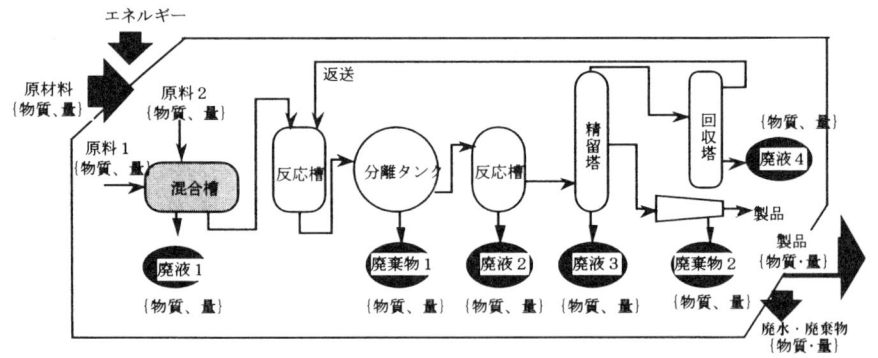

図 3.13 生産プロセスにおける物質・エネルギー収支の解析

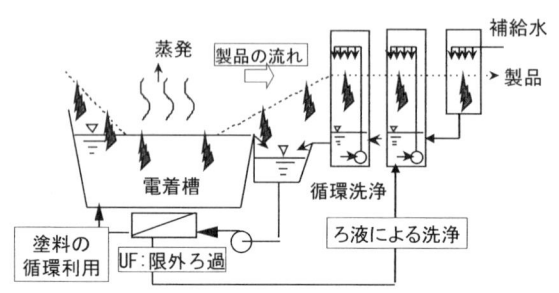

図 3.14 電着塗装工程におけるプロセスのクローズド化（限外
ろ過（UF）の導入による塗料の循環利用とろ液による
向流洗浄方式による廃水削減）

生産プロセスで利用されている多種多様な化学物質について，機能と性状に関する情報はプロセスからの排出削減に必須である．自動車産業などで導入されている電着塗装プロセスの例を図 3.14 に示した．このプロセスの特徴は，分子量オーダーでのろ過が可能な限外ろ過膜（UF）を導入することによって，ろ液を洗浄に用い，ろ過された塗料は電着槽にリサイクルして有効利用する．洗浄液と製品を向流接触させることで洗浄効果を向上させ，補給水を削減できるので，廃水を排出しないクローズドプロセスとすることができる．

e．最適廃水処理の選択

生産プロセスのクローズド化が進んでも，多様な産業や日常生活から廃水が発生している．できるだけ少ないエネルギー消費で目標処理水質を確保できる廃水

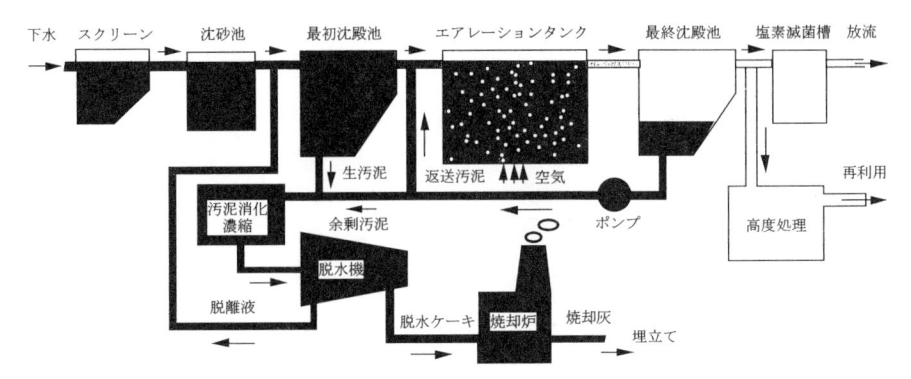

図 3.15 下水などの有機性廃水の処理に広く利用されている活性汚泥廃水処理プロセス

処理プロセスを選択するためには，廃水量や汚濁物質濃度，生物分解性，凝集性などの処理特性と廃水処理方式自体の特性をあわせて把握する必要がある．

代表的な廃水処理プロセスの構成を図 3.15 に示した．固形物や懸濁物質をスクリーンや重力沈殿で分離除去する一次処理工程，溶解性の有機汚濁物質を微生物の機能を利用して分解または菌体に転換して除去する二次処理工程，さらに再利用などを目的に，残留している生物難分解性の有機汚濁物質や窒素，リンなどを除去する三次処理工程から構成される．エアレーションタンク内で有機汚濁物質を分解資化して増殖した微生物は，余剰汚泥として最初沈殿池の沈殿物（生汚泥）とともに回収され，濃縮脱水を経て焼却処分されることが多い．

完全酸化分解するために必要な理論酸素量（ThOD）と，実際に微生物分解に要する酸素量（生物化学的酸素要求量，BOD）を比較することで，有機汚濁物質を含む廃水の生物処理性を評価できる．廃水中に含まれる有機汚濁物質の生物処理性（BOD/ThOD の比）と分子量を指標として処理方式の選択が可能である（図 3.16）．分子量が数万以上の汚濁物質については，凝集剤添加によって大きな懸濁粒子に凝集できれば，沈殿または浮上による分離が容易になる．BOD/ThOD 比が 0.5 程度以上の生物分解性が高い汚濁物質を含む廃水には，生物処理方式が適用される．活性汚泥法（図 3.15）が一般的であるが，高濃度廃水に対しては，酸素の供給が不要であることに加えて，気体燃料であるメタンの回収も期待できる嫌気性消化（メタン発酵）も利用される．低濃度廃水あるいは二次処理水質の高度処理には，砕石，プラスチック担体などの表面に微生物を付着さ

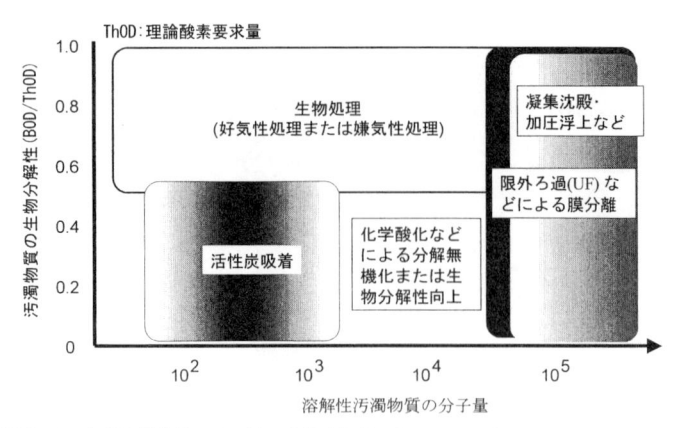

図 3.16 有機汚濁物質の分子量と生物分解性を指標とした廃水処理方式の位置づけ

表 3.6 廃水処理方式と特徴

除去対象汚濁物質	主な処理方式	特徴
有機性廃水 （易生物分解）	嫌気性生物処理法 活性汚泥法 生物膜法（接触酸化など）	メタン回収可能，後処理必要 広く普及，酸素供給動力大，水質良 低負荷で運転，目詰り注意，三次処理
有機性廃水 （難生物分解）	フェントン酸化 促進酸化法（UV, O_3, H_2O_2） 活性炭吸着 膜分離法	スラッジ発生，コスト大 コスト大，浄水処理，再利用水処理 コスト大，活性炭再生必要，水質最良 運転コスト大，膜汚染・寿命に要注意
窒　素 （アンモニア）	硝化（生物酸化） ゼオライト吸着 放散（ストリッピング）	低 BOD で進行，硝化菌の保持必要 再生液の処理必要 アルカリ添加後空気または蒸気吹き込み 除去率低い，吸収塔必要
窒　素 （硝酸）	脱窒（生物機能による還元） イオン交換	電子供与体必要 競合イオンによる阻害あり
リ　ン	生物脱リン 凝集沈殿（硫酸アルミニウムなど添加）	好気・嫌気繰り返し操作必要 懸濁物質除去後にさらに凝集沈殿槽必要
重金属	水酸化物化による沈殿 硫化物化による沈殿 イオン交換	金属水酸化物の水溶解度低い 金属硫化物の水溶解度低い メッキプロセスで重金属回収に利用
滅菌・殺菌	塩素処理，オゾン処理	過酸化物の生成に要注意

せて利用する処理方式（接触酸化法，浸漬ろ床法など）が利用されることがある．汚濁物質の極性が高く水溶解性であることが易生物分解性であることの条件

となる．水に溶解しにくい低極性物質は生物分解を受けにくいが，活性炭による吸着除去が可能である．ただし，分子量が大きくなると活性炭の細孔内での拡散速度が低くなるので，活性炭による吸着除去が困難になる．分子量が数千〜数万の低極性（低生物分解性）物質については，オゾン，過酸化水素あるいは過酸化水素と二価鉄イオンの反応で生成する OH ラジカルなどを利用した化学酸化による無機化または生物分解性向上が考えられる．ただし，活性炭の使用は処理コストを上昇させるので，できるだけ活性炭への負荷を低減できるような処理プロセスを構成しなければならない．

廃水に含まれる有機汚濁物質以外の窒素，リン，重金属などの除去方法を表 3.6 にまとめた．廃水中の窒素・リンは活性汚泥法の運転条件を制御することで 50〜70% の除去が可能である．有機汚濁物質をほとんど含まない高濃度硝酸廃水の処理が困難である．重金属は，その水酸化物あるいは硫化物の水溶解度が低い性質を利用して，廃水から沈殿除去される．

f．産業クラスタリング形成による環境負荷低減

石油化学コンビナートは原料および製品の一元的・連鎖的供給を目的として構築されたものであり，いわゆる動脈側をつないだ生産システムである．原油から精製されたナフサ（炭素数 5〜8 程度の低沸点炭化水素の総称）を原料としてエチレンを製造し，これを出発点としてさまざまな化学物質の製造が行われている．すなわち，一プロセスから生産される製品が次のプロセスの原料となり，次々と効率的に多種多様な製品が生産されている．一方で，原料のうち製品にな

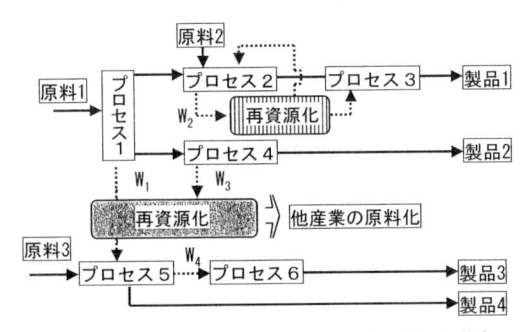

図 3.17 製品に転換されなかった物質の有効利用を基本とした産業のネットワーク化

らなかった物質が廃水，廃棄物，排ガスとして集中的に発生している．製品にならなかった物質や廃棄された製品，排出水，余剰エネルギーなどを，同じ業種あるいは業種の枠を越えて再利用するネットワーク，すなわち産業のクラスタリングを形成して生産効率の向上と環境低減をあわせて目指す必要がある（図3.17）．

排出物を他プロセスや他産業で利用しやすい資源に転換するための再資源化・再製品化技術などのクラスタリング技術の開発に加えて，生産プロセスにおける物質・エネルギー収支に関する情報データベースが必要である．個々の生産プロセス内でのクローズド化，生産プロセス間をつなぐネットワーク化，さらに他産業をつなぐ産業クラスタリングを形成する．このような産業クラスタリング形成による環境負荷低減と資源・エネルギー消費削減に対する経済的なインセンティブや，誘導のための法体系整備も必要である．

演習問題

1. 生産プロセスから環境への汚濁負荷を総合的に削減する方策と手順について300字程度で解説せよ．
2. エタノール，酢酸およびグルコース（ブドウ糖，分子式：$C_6H_{12}O_6$，分子量180 g）を個別に1 g/l の濃度で含む3試料水を準備した．これら試料水のThODを個々に求めよ．

〔解答〕

1. 略．
2. C_2H_5OH 1モル（46 g）を完全酸化するために必要な理論酸素量は $C_2H_5OH + 3O_2 \rightarrow 2CO_2 + 3H_2O$ より 64 g．したがって，上記試料水のThODは $1.39 \text{ g O}_2/l$．
同様に，酢酸（CH_3COOH，分子量60 g）ではThODは $1.07 \text{ g O}_2/l$．グルコースでは $1.07 \text{ g O}_2/l$．

引用文献

1) 藤江幸一：化学と工業，40(1)：168-171，1987．
2) 中西準子：環境リスク論，岩波書店，1995．
3) 環境庁環境保健部：PRTRパイロット事業中間報告，1998．

参考文献

■第1章
川上紳一：生命と地球の共進化，日本放送出版協会，2000.
菊池韶彦，村松 喬，榊 佳之編：わかりやすい分子生物学，丸善，1999.
百瀬春生編：生物工学基礎コース 微生物工学，丸善，1997.
ポストゲイト，J. 著，関 文威訳：社会微生物学，共立出版，1993.

■第2章
電気学会編：放電ハンドブック，電気学会，1998.
下水・廃水・汚泥処理ガイドブック編集委員会：下水・廃水・汚泥処理ガイドブック，環境技術研究協会，1979.
浜川圭弘：センサデバイス，コロナ社，1994.
Horowitz, P. and Hill, W.: The Art of Electronics, 2 nd Ed., Cambridge University Press, 1995.
井出哲夫編：水処理工学——理論と応用——，技報堂出版，1990.
環境庁：平成12年版環境白書.
国土庁長官官房水資源部編：平成12年版水資源白書——日本の水資源.
松尾友矩他：水質環境工学——下水の処理・処分・再利用——，技報堂出版，1993.
松尾友矩編：水環境工学，オーム社，1999.
村上光正編：環境用水浄化実例集 (1)，(2)，パワー社，1996.
静電気学会編：新版静電気ハンドブック，オーム社，1998.
宗宮 功，津野 洋：水環境基礎科学，コロナ社，1997.
宗宮 功，津野 洋：環境水質学，コロナ社，1999.
Sze, S. M.: Semiconductor Sensor, Wiley-Interscience Publication, John Wiley & Sons, Inc. New York, 1994.
都築俊文，伊藤八十男，上田祥久：水と水質汚染，三共出版，1996.
通商産業省環境立地局監修：公害防止の技術と法規，(社) 産業環境管理協会，2000.
山崎弘郎：センサ工学の基礎，昭晃堂，1996.
用水廃水便覧編集委員会：用水廃水便覧，丸善，1973.

Weinstock, H.: Application of Superconductivity, NATO ASI Series, Kluwer Academic Publishers, 2000.
多賀光彦,那須淑子:地球の化学と環境,三共出版,1994.

■第3章
フリッチョフ・カプラ,グンター・パウリ著,赤池 学監訳:ゼロエミッション,ダイヤモンド社,1996.
グレーデル,T. E., B. R. アレンビー著,後藤典弘訳:産業エコロジー,トッパン,1996.
カール=ヘンリク・ロベール著,市河俊男訳:ナチュラル・ステップ,新評論,1996.
リビノ・デシモン,フランク・ポポフ,WBCSD 著,山本良一監訳:エコ・エフィシェンシーへの挑戦,日科技連出版社,1998.
佐伯康治:化学プロセスのクローズド化,工業調査会,1979.
CMC:ゼロエミッション型社会をめざして.
シュミット=ブレーク,F. 著,佐々木 健訳:ファクター10—エコ効率革命を実現する—,シュプリンガー・フェアラーク東京,1997.
梅田 靖編著:インバース・マニュファクチャリング—ライフサイクル戦略への挑戦—,工業調査会,1998.
和田英太郎,安成哲三編著:岩波講座 地球環境学4,水・物質循環系の変化,1999.

索　引

ア　行

IC　76
アーキアドメイン　22
Aquifex　19
アクチノバクテリア　25
アーク放電　65
アジェンダ21　107
亜硝酸酸化細菌　29
アルコール自動車　15
RDF　111
アレニウス式　100
アンプ　74
アンモニア酸化細菌　29
硫黄酸化物　101
イオン交換　55
一次エネルギー　87
一次生産者　28
一般廃棄物　109
遺伝暗号　7
遺伝子組換え　10
遺伝情報物質　7
移動速度　67
インパクト分析　114
インバースマニュファクチャリング　116
インベントリー分析　114
ウイルス　9
ウィーンの変移則　97
エイズウイルス　13
栄養塩類　48
エクセルギー　89
エクセルギー効率　89
エコエフィシェンシー　120
エコデザイン　116
エコプロダクツ　116
エコマテリアル　116
エコロジー危機　2
エタノールエンジン　15
エネルギー獲得様式　28
エネルギー原単位　87
エネルギー変換　87
エネルギー変換プロセス　99
エネルギー保存則　88
エネルギー利用効率　88
エレクトレットフィルタ　72
演算増幅器　76
エンタルピー　88
エンドオブパイプ　124
エンドオブパイプ技術　106
エントロピー　88
オゾン　72
オゾン層破壊　36,101
汚泥有効利用　60
オープンループゲイン　76
オペアンプ　76
温暖化　101

カ　行

改正省エネ法　118
改正廃棄物処理法　118
回転円板法　58
開ループ増幅率　76
化学量論係数　99
拡散荷電　65
可採年数　84
ガスクロマトグラフィー質量分析器　82
化石エネルギー　84
仮想接地　77
活性汚泥　34
活性汚泥法　57
活性化エネルギー　100
活性種　70
活性炭　55
家電リサイクル法　117,118
枯草菌　18
川の自浄作用　47
環境基準　42
環境基本法　3
環境水浄化　61
環境負荷改善分析　114
環境ホルモン　45
乾式電気集塵装置　68
気体定数　100
起電力　79
吸着　55
凝集分離　50
共生　5
強制対流　95
極限環境　21
キルヒホッフの法則　97
グラディエント力　67
グラム陰性好気性細菌　25
グラム陽性細菌　25
クリーナープロダクション　120
グリーン購入法　118
クローズドシステム　129
グロー放電　65
クロメル-アルメル　80
クローン　15

索引

ゲノム 8
ゲノム生物学 32
ケミカルリサイクル 111
原核生物 22, 23, 25
嫌気性細菌 27
嫌気性生物処理 58
健康項目 42
建設資材リサイクル法 118
懸濁性物質の除去 49
原油汚染 36

好気性細菌 27
好気性生物処理 56
工業用水 42
抗原抗体反応 82
光合成 25, 28
光合成細菌 25, 28
好熱性原核生物 19
好熱性光合成細菌 20
高炉還元法 113
呼吸 25, 26
黒体 97
古細菌 9
固定化法 62
ゴミ固形燃料 111
コロナ放電 65
コンポスト 31
コンポスト化処理 33, 34

サ　行

最適廃水処理 130
再飛散 69
差動増幅器 78
サービスエコノミー 120
サーマルNO_x 102
サーマルリサイクル 111
酸化 53
酸化分解法 63
産業エコロジー 120
産業クラスタリング 133, 134
産業生態工学 123
産業廃棄物 110
散水ろ床法 58
酸性雨 36, 101

COD 44
磁気センサ 81
資源有効利用促進法 118
自然エネルギー 85
自然(自由)対流 95
持続可能な社会 2
社会微生物学 30
射出率 99
集積回路 76
充填層放電プラズマ 71
16S rRNA 23
宿主-ベクター系 11
循環型社会 106
循環型社会基本法 118
浚渫 62
硝化作用 29
浄水導入法 62
蒸発乾固 53
消費者 28
食品リサイクル法 118
食物連鎖 28, 33, 49, 82
真核生物 8, 22, 23
人工水流 62
真正細菌 9
浸漬ろ床法 58

水質汚濁 42
　——の機構 45
　——の発生源 44
水生生物法 63
水膜式電気集塵装置 68
SQUID 磁気センサ 81
ステファン-ボルツマンの法則 98
ステファン-ボルツマン定数 98
ストークスの法則 67

生活環境項目 42
生活用水 42
生態学的地位 34
生態系 1
清澄ろ過 51
静電噴霧 72
静電分離 72

生物学的環境修復 37, 38
生物学的窒素・リン除去 59
生物学的廃水処理 31, 33, 34
生物指標 44
生物処理 56
生物進化 19
生物濃縮 48
生物膜法 57
接触酸化法 63
ゼーベック効果 79
ゼロエミッション 120, 121, 125
センサ 74

タ　行

ダイオキシン 36, 81
大腸菌 12, 25, 32
大腸菌群 44
太陽エネルギー 85
対流 91
大量廃棄型社会 106
脱窒作用 29
単極性イオン場 65
タンパク質 7

地下水の汚染 47
地球温暖化 1, 36
地磁気 80
窒素固定細菌 29
窒素酸化物 101
窒素循環 29
中和 53
超高感度磁気センサ 82
超伝導現象 81
沈降分離 50

DNA 7
低温弱電離プラズマ 65
抵抗測温体 79
電界荷電 65
電気集塵 64
電気信号 75
電子温度補償回路 80
電離 65

同相ノイズ 79
トランスジェニック 15
トリクロロエチレン 36, 37

ナ 行

内分泌攪乱化学物質 36
ナチュラルステップ 120

二次エネルギー 87
入力インピーダンス 77
ニュートンの冷却法則 95

ネガティブフィードバック 76, 78
熱伝達係数 95
熱電対 79
熱伝導 91
熱伝導度 92
熱力学第1法則 88
熱力学第2法則 89

農業用水 42
ノリ 12

ハ 行

排煙脱硝法 102
排煙脱硫 102
バイオテクノロジー 6
バイオマスエネルギー 85
バイオマス生産 37
廃水処理の計画 60
バクテリアドメイン 22
バクテリオロドプシン 28
ハザード 127
ハサミ 12
発酵 25, 31
発酵工業 31
発酵性細菌 26
発光ダイオード 75
パルスストリーマ放電 70
反転増幅器 76
反応次数 100
反応速度 99
反応速度定数 100

PRTR 128
BOD 43
非化石エネルギー 84
PCB 36
微小磁性微粒子 82
非反転増幅器 78
非反転入力端子 78
非平衡プラズマ 65
標識 82
微量元素検出技術 81
頻度因子 100

ファクター10 120
ファーミキューテス 25
富栄養化 47
負帰還 76
複合系 33
浮上分離 51
物質循環 5, 46
フューエル NO_x 102
不溶性塩 54
プラスミド 11
プロテオバクテリア 21, 25
プロトン駆動力 26
分解者 28
分子系統学 22

閉ループ増幅率 77, 79
ベクター 11
ベルヌーイの式 91

放射 91
放電雑草除去 73
放電プラズマ 64
飽和 76
補償導線 80
ホール素子 81
ホール定数 81

マ 行

膜分離 51
摩擦帯電列 72
マテリアルフローアナリシス 114

マテリアルリサイクル 111
水環境の現状 44
水環境の保全 40
水資源 41
水処理技術 49
水の循環 41
水のリサイクル 63
水利用 42

無機栄養菌 27
無次元数 96
無声放電 71

メタン発酵 58

ヤ 行

有機揮発性物質 71
誘導帯電 66

溶解性物質の除去 53
容器包装リサイクル法 117, 118

ラ 行

ライフサイクルアセスメント 114
ラジカル 70
藍色細菌 20, 21

リサイクル 108, 111
リスク 127
リデュース 108
リファイン 108
リフューズ 108
リペア 108
リボソームRNA 27
リユース 108
炉内脱硝法 102
炉内脱硫 102
ローレンツ力 81

科学技術入門シリーズ 8
エコテクノロジー入門

2001年11月1日　初版第1刷

定価はカバーに表示

著者	笠倉池忠夫 菊田中照洋 平石上定通 村上定明 水田中三瞭 成瀬一彰 後藤尚郎 藤江幸弘一

発行者　朝　倉　邦　造

発行所　株式会社　朝倉書店
東京都新宿区新小川町 6-29
郵便番号　162-8707
電　話　03(3260)0141
Ｆ Ａ Ｘ　03(3260)0180
http://www.asakura.co.jp

〈検印省略〉

ⓒ 2001 〈無断複写・転載を禁ず〉

シナノ・渡辺製本

ISBN 4-254-20508-2　C 3350

Printed in Japan

前東大 不破敬一郎編著

地球環境ハンドブック

16028-3 C3044　　A5判 656頁 本体22000円

1992年の国連環境開発会議(地球サミット)，日本における「環境基本法」の制定など，地球環境問題が注目されている。本書は，地球環境問題に関する本格的なハンドブックである。〔内容〕序論―環境基本法の成立／地球環境問題／資源・食糧・人類／地球の温暖化／オゾン層の破壊／酸性雨／海洋汚染／熱帯林の減少／生物多様性の減少／砂漠化／有害廃棄物の越境移動／開発途上国の環境問題／その他の環境問題／地球環境モニタリング／年表／国際・国内関係団体および国際条約

愛知大 吉野正敏・学芸大 山下脩二編

都 市 環 境 学 事 典

18001-2 C3540　　A5判 448頁 本体16000円

現在，先進国では70％以上の人が都市に住み，発展途上国においても都市への人口集中が進んでいる。今後ますます重要性を増す都市環境について地球科学・気候学・気象学・水文学・地理学・生物学・建築学・環境工学・都市計画学・衛生学・緑地学・造園学など，多様広範な分野からアプローチ。〔内容〕都市の気候環境／都市の大気質環境／都市と水環境／建築と気候／都市の生態／都市活動と環境問題／都市気候の制御／都市と地球環境問題／アメニティ都市の創造／都市気候の歴史

広島大学大学院分子生命機能科学専攻編

バイオテクノロジー講義

17106-4 C3045　　B5判 164頁 本体3000円

クローン羊，遺伝子治療，遺伝子組換え農作物，DNA鑑定など，多様に展開するバイオテクノロジーについて，どこからでも読めるように各章を読切りにし，図・写真を多用してその面白さを伝えられるよう平易に解説。巻末に用語集を掲載。

関大 和田安彦・阪産大 菅原正孝・京大 西田 薫・神戸山手大 中野加都子著
エース土木工学シリーズ

エ ー ス 環 境 計 画

26473-9 C3351　　A5判 192頁 本体2900円

環境問題を体系的に解説した学部学生・高専生用教科書〔内容〕近年の地球環境問題／環境共生都市の構築／環境計画(水環境計画・大気環境計画・土壌環境計画・廃棄物・環境アセスメント)／これからの環境計画(地球温暖化防止，等)

前建設技術研究所 中澤弌仁著

水 資 源 の 科 学

26008-3 C3051　　A5判 168頁 本体3200円

地球資源としての水を世界的視野で総合的に解説〔内容〕地球の水／水利用とその進展／河川の水利秩序と渇水／水資源開発の手段／河川の水資源開発の特性／水資源開発の計画と管理／利水安全度／海外の水資源開発／水資源開発の将来

前東北大 松本順一郎編

水 環 境 工 学

26132-2 C3051　　A5判 228頁 本体3900円

水環境全般について，その基礎と展開を平易に解説した，大学・高専の学生向けテキスト・参考書〔内容〕水と水文／各水域における水環境／水質の基礎科学／水質指標／水環境の解析／水質管理と水環境保全／水環境工学の新しい展開

小西正躬・清水良明・寺嶋一彦・北川秀夫・
北川 孟・石光俊介・三宅哲夫他著
科学技術入門シリーズ2

生 産 シ ス テ ム 工 学

20502-3 C3350　　A5判 176頁 本体2900円

知的生産システムの基礎理論から実際までを平易に解説。〔内容〕生産システムの概念／生産計画と生産管理／制御とオートメーション／生産自動化のための基礎／メカトロニクス技術とロボットの基礎／知的計測と信号処理

山口 誠・徳永澄憲・鯉江康正・
藤原孝男・宮田 護・渋澤博幸著
科学技術入門シリーズ9

社 会 科 学 の 学 び 方

20509-0 C3350　　A5判 176頁 本体2600円

社会科学を学ぶための基礎的な考え方が身につくよう平易に解説。付録に数学・統計学の基礎をまとめた。〔内容〕社会科学としての経済学／政策の基礎／経済学の基礎／都市・地域の経済学／経営学の基礎／環境問題と経済学／社会工学，他

上記価格(税別)は2001年9月現在